U0187135

工程造价有问必答

主　编　王启存

副主编　赵振良　朱正豪

参　编　范志刚　黄燕翔　周少娟　李　枫
　　　　张　琪　蒋　龙　马金鑫　陈　兴

机械工业出版社
CHINA MACHINE PRESS

本书由知识问题答疑和工程量计算案例两篇组成。第一篇主要内容是针对定额和规范的计算规则以及在理解过程中容易造成认知模糊的知识进行进一步解释，内容涉及工程结算过程的争议、施工图预算的编制、清单计算规则的理解等。第二篇按照预算定额的章节设置并附有设计图纸，依照设计图纸计算工程量，并且按定额规则分类。

本书便于收藏阅读，适合造价人员在工作中碰到问题时随时查阅，形成快速便捷解决问题的通道，也适合闲余时间零星学习知识内容。

图书在版编目（CIP）数据

工程造价有问必答/王启存主编．—北京：机械工业出版社，2022.1（2023.8 重印）

ISBN 978-7-111-70074-6

Ⅰ.①工⋯　Ⅱ.①王⋯　Ⅲ.①工程造价–问题解答　Ⅳ.①TU723.32-44

中国版本图书馆 CIP 数据核字（2022）第 010769 号

机械工业出版社（北京市百万庄大街22号　邮政编码100037）

策划编辑：张　晶　责任编辑：张　晶　张大勇

责任校对：刘时光　封面设计：张　静

责任印制：常天培

北京机工印刷厂有限公司印刷

2023 年 8 月第 1 版第 4 次印刷

184mm×260mm · 12.75 印张 · 302 千字

标准书号：ISBN 978-7-111-70074-6

定价：69.00 元

电话服务　　　　　　　　网络服务

客服电话：010-88361066　机　工　官　网：www.cmpbook.com

　　　　　010-88379833　机　工　官　博：weibo.com/cmp1952

　　　　　010-68326294　金　书　网：www.golden-book.com

封底无防伪标均为盗版　　机工教育服务网：www.cmpedu.com

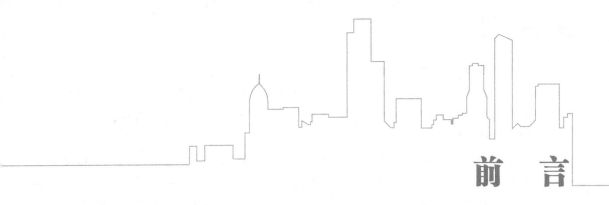

前　言

　　接连多日的阴雨天气，给初冬增添了几分寒意，人们出门都戴着口罩和帽子，只留出一双眼睛忙着穿过大街，老人和孩子都躲在室内。直到一天清晨，太阳突然从云雾里钻出来，大街上瞬间热闹起来，老人带着小孩儿在公园玩耍，小情侣牵手逛街，路边施工工地叮当的响声也格外的清脆。

　　学习应该趁着青春年少敢拼敢干的时候积累知识！也许学习感觉是枯燥的，也许学习感觉是厌恶的，直到太阳突然从云雾里钻出来，心情会突然开朗。

　　不要轻视任何人，更不要轻视自己，因为那些平凡的人之中可能有你学习的榜样，你也可能是大多数人的榜样。每一次的努力都是奠定成功的基础，只有不断努力才能成功，只有不断学习才会进步，一步步走向成功。

　　没有人因为学习而倾家荡产，一定有人因为不学习而一贫如洗；没有人因为学习越学越贫，但一定有人因为学习而改变一生。活到老，学到老，才能不断提升自己，这是不变的定律，时代在变革，不学习，终会被这个时代所淘汰，要投资自己的大脑，与时代同行！

　　你的能力决定你能得到什么，而你的格局，却会决定你最终能走到哪里。只有学习才能使自己有更大的格局，只有不断学习才能超越原有的自己。

　　工程造价是一个综合性专业。从业人员要有数学的基础知识，比如工作中计算统计会用数学知识；要有文学基础知识，比如工作中编写签证或索赔文件必须组织语言表达清楚；要有管理方面的知识，比如施工过程中需要控制成本。

　　工程造价专业需要复合型人才。图纸、算量、计价，这是必须要学会的；变更、签证、申请，这是最常见的工作；甲方谈判、分包谈判、部门之间谈判，这也是经常要解决的事情。

　　工程造价知识是日积月累的。每天学习一点点，每天进步一点点，就这么一点点积累数十年，你就可以由造价"小白"变成"老手"。

　　我们不做知识的搬运工，要做知识受益的创造者。

　　要把从书本中抄来的知识、从网络渠道搜索的知识、从老师口中获得的知识都记录在脑中，然后再把"搬来"的知识通过书写、演讲等方式进行有效的转化，去思考、理解，转化成自己的知识，才会使我们受益。

　　我们不做计算机的存储盘，要搭建出自己的知识仓库。

从一个存储空间"搬运"到脑中的存储空间，没有经过修改加工、没有经过筛选分类就输出，"搬运"显得没有任何意义。知识经过大脑以后把精华提取出来，才是我们努力工作的意义，要搭建出自己的知识仓库，在仓库里加工提炼得到想要的结果，才显示出我们的价值所在！

本书适用于造价人员、现场管理人员、技术人员及从事成本管理的人员，内容侧重于解决工作中的实际问题。本书适合造价咨询公司、施工单位、建设单位以及设计院的工作人员在工作中进行参考，也适合刚入职的造价"小白"从看图算量入手学习。

知识来源于实战总结，希望本书可以让读者得到帮助，共同推动工程造价专业的进步。因为建筑规范、预算定额、工程量清单、相关法规在不断变化，书中的观点与方法难免会出现谬误，欢迎读者指正，我们的电子邮箱是 1191200553@ qq. com。

王启存

2021 年 8 月

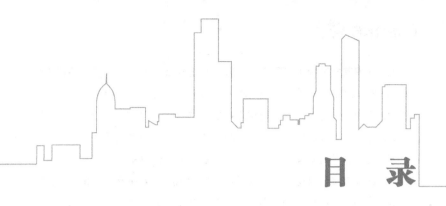

目　录

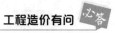

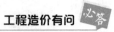

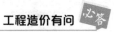

第二篇　工程量计算案例

第一篇
知识问题答疑

第1章　建筑面积计算规则

 1. 建筑物外墙外保温的找平层、抹面层是否计入建筑面积?

解答: 不计入建筑面积。

（1）根据《建筑工程建筑面积计算规范》（GB/T 50353—2013）第 3. 0. 24 条:"建筑物的外墙外保温层，应按其保温材料的水平截面面积计算，并计入自然层建筑面积。"

（2）细节解读:规范条文说明第 3. 0. 24 条中明确规定找平层、抹面层不计算建筑面积。如图 1-1 所示，计算外墙保温面积时，先通长计算主楼处保温材料的净厚度乘以外墙结构外边线长度

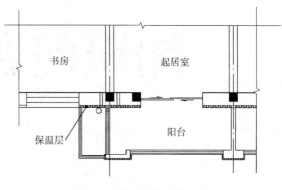

图 1-1　阳台处外墙保温层

按建筑物的自然层计算建筑面积，然后计算阳台建筑面积，重复计算面积处不扣除，但是阳台外侧所附保温也不计算面积。

 2. 建筑面积计算时的架空层，仅指建筑物底部吗?

解答: 不仅指底部。架空层定义可以根据《建筑工程建筑面积计算规范》（GB/T 50353—2013），术语:"仅有结构支撑而无外围护结构的开敞空间层。"并未强调架空层的位置。

《建筑工程建筑面积计算规范》宣贯辅导教材中解释:"架空层常见的是教学楼、住宅等在底层设置的架空层，有的建筑物在二层或以上某个甚至多个楼层设置架空层。"

 3. 哪类幕墙可以并入建筑面积内?

解答: 幕墙是否计算建筑面积取决于其在建筑物中所起的作用和功能。直接作为外墙起围护作用的幕墙，按其外边线计算建筑面积;设置在建筑物墙体外起装饰作用的幕墙，不计算建筑面积。

4. 建筑面积计算中阳台有哪三个属性?

解答：阳台的三个属性是：

（1）阳台是附设于建筑物外墙的建筑部件。
（2）阳台应有栏杆、栏板等围护设施或窗。
（3）阳台是室外空间。

计算建筑面积时，先定性是否为阳台，再判断其与主体结构的内外关系，最后决定计算全面积或者一半面积。

 5. 房屋建筑坡屋顶内，不利用的建筑空间是否计算建筑面积?

解答：新旧规范有所不同，《建筑工程建筑面积计算规范》（GB/T 50353—2005）是以该空间"利用"与否来判断是否要计算建筑面积，《建筑工程建筑面积计算规范》（GB/T 50353—2013）是以形成建筑空间的条件来确定，如图 1-2 所示。

（1）根据《建筑工程建筑面积计算规范》（GB/T 50353—2013），第 3.0.3 条："对于形成建筑空间的坡屋顶，结构净高在 2.10m 及以上的部位应计算全面积；结构净高在 1.20m 及以上至 2.10m 以下的部位应计算 1/2 面积；结构净高在 1.20m 以下的部位不应计算建筑面积。"其中条文说明第 2.0.5 条："具备可出入、可利用条件（设计中可能标明了使用用途，也可能没有标明使用用途或使用用途不明确）的围合空间，均属于建筑空间。"

（2）根据《建筑工程建筑面积计算规范》（GB/T 50353—2005），第 3.0.1 条第 2 款："利用坡屋顶内空间时，顶板下表面至楼面的净高超过 2.10m 的部位应计算全面积；净高在 1.20 ~

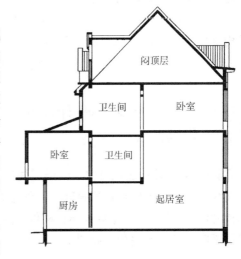

图 1-2　房屋建筑坡屋顶内形成的建筑空间

2.10m 的部位应计算 1/2 面积；净高不足 1.20m 的部位不应计算面积。"

综合上述情况判断，按照《建筑工程建筑面积计算规范》（GB/T 50353—2013）解释，不利用的建筑空间也需要计算建筑面积。

 6. 建筑立面图中，外檐凸出墙面的附墙烟囱是否计算建筑面积?

解答：根据《建筑工程建筑面积计算规范》（GB/T 50353—2013），第 3.0.27 条："不应计算建筑面积的部位有勒脚、附墙柱、垛、台阶、墙面抹灰、装饰面、镶贴块料面层、装饰性幕墙。"附墙烟囱类似附墙柱、垛的构件尺寸，所以不能计算。

根据《建筑工程建筑面积计算规范》（GB/T 50353—2013），第 3.0.19 条："建筑物的室内楼梯、电梯井、提物井、管道井、通风排气竖井、烟道，应并入建筑物的自然层计算建筑面积。"虽然条文中有"烟道"两个字，但是在"建筑物的室内"为前提条件。

综合上述情况判断，外檐凸出墙面的附墙烟囱不计算面积。

7. 空调室四面有百叶窗、砌体墙形成的围护，可以计算建筑面积吗?

解答：根据《建筑工程建筑面积计算规范》（GB/T 50353—2013），第 3.0.27 条："不应计算建筑面积的部位有主体结构外的空调室外机搁板（箱）。"由此可知主体结构外的空调室不应计算建筑面积，从主体结构角度考虑，此板属于悬挑板，从建筑封闭空间角度考虑，此部位属于室外部分，从使用功能角度考虑，此部位是放置设备的支架。

在阳台窗下或落地窗下的空调室，占用室内空间要计算建筑面积。还有阳台窗凸出在主体结构外的特殊情况，阳台窗结构层高在 2.20m 及以上的应计算全面积，结构层高在 2.20m 及以下的应计算 1/2 面积，此时阳台窗为达到计算面积的第一条件，如图 1-3 所示。

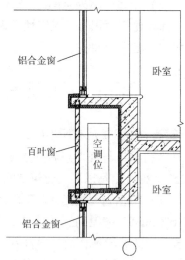

图 1-3 空调室在阳台窗下部

8. 檐口造型形成的空间，并且空间高度超过 1.80m，可以计算建筑面积吗?

解答：不应计算建筑面积。根据《建筑工程建筑面积计算规范》（GB/T 50353—2013），第 3.0.27 条："不应计算建筑面积的部位有露台、露天游泳池、花架、屋顶的水箱及装饰性结构构件。"檐口造型是装饰结构构件，在屋顶起装饰作用，并没有实际使用功能，所以此部位不应计算建筑面积，如图 1-4 所示。

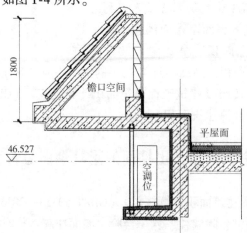

图 1-4 房屋建筑檐口造型形成的空间

9. 跨越两个自然楼层的楼梯间，该部位可以计算两层的建筑面积吗?

解答: 跨越两个自然楼层的楼梯间可以计算两层的建筑面积。根据《建筑工程建筑面积计算规范》（GB/T 50353—2013），第3.0.19条："建筑物的室内楼梯、电梯井、提物井、管道井、通风排气竖井、烟道，应并入建筑物的自然层计算建筑面积。"第3.0.8条："建筑物的门厅、大厅应按一层计算建筑面积。"如图1-5所示，R轴~S轴之间部位是门厅，以地下室的门外边线为界，门厅部位的上空不计算建筑面积，只有首层计算一层的建筑面积。P轴~R轴标高3m以上部位可以计算建筑面积，此部位属于楼梯间的转向平台部分，应按自然层计算建筑面积。

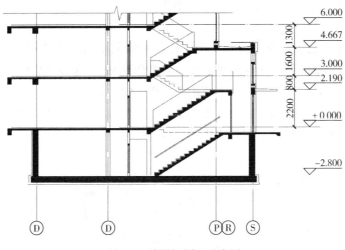

图1-5 楼梯间剖面示意图

 10. 某厂房混凝土结构，在大门处设计钢结构雨篷可以计算建筑面积吗?

解答: 可以计算建筑面积。根据《建筑工程建筑面积计算规范》（GB/T 50353—2013），第3.0.16条："无柱雨篷的结构外边线至外墙结构外边线的宽度在2.10m及以上的，应按雨篷结构板的水平投影面积的1/2计算建筑面积。"如图1-6所示，钢结构雨篷的结构外边线至外墙结构外边线的宽度是9.00m，虽然是混凝土结构厂房，但是钢结构雨篷也属于主体结构的组成部分，应计算1/2建筑面积。

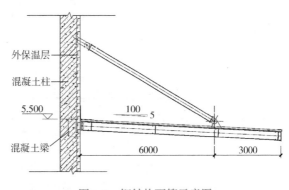

图1-6 钢结构雨篷示意图

11. 地下室采光井施工图设计高度为3.50m，阳光板顶盖图中注明二次设计，不包括在施工范围之内，此部位可以计算建筑面积吗?

解答: 根据《建筑工程建筑面积计算规范》（GB/T 50353—2013），第3.0.19条："有顶盖的采光井应按一层计算面积，结构净高在2.10m及以上的，应计算全面积。"工程竣工以后，建筑物在使用时，阳光板顶盖最终要安装到建筑物中，施工范围不影响建筑面积的计算。所以，此部位可以计算建筑面积。

12. 室内的跃层空洞处的房间，除缺少地面外与正常计算建筑面积的房间相同，可以计算建筑面积吗?

解答: 不可以计算建筑面积。根据《建筑工程建筑面积计算规范》（GB/T 50353—2013），第3.0.8条："建筑物的门厅、大厅应按一层计算建筑面积。"如图1-7所示，首层为起居室、餐厅部位，此部位类似门厅、大厅，上空部位占用二层空间。

计算工程量时，图中起居室上空、餐厅上空的空洞应扣除，起居室上空与餐厅上空之间的混凝土梁、砌体墙应放在二层建筑面积内计算工程量。

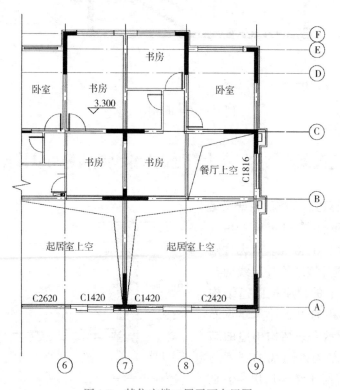

图1-7 某住宅楼二层平面布置图

13. 可以按幕墙的框外围边线计算建筑面积吗?

解答: 外墙无其他墙体,幕墙为围护结构的情况下,可计算建筑面积。根据《建筑工程建筑面积计算规范》(GB/T 50353—2013),第3.0.23条:"以幕墙作为围护结构的建筑物,应按幕墙外边线计算建筑面积。"如图1-8所示,玻璃幕墙每层结构混凝土楼板上,铝合金装饰柱、铝合金百叶是外墙的装饰性构件,计算建筑面积时外边线应不含此类构件。所以,应该按照幕墙构件固定框的外边线计算建筑面积。

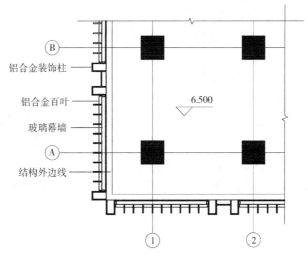

图1-8 玻璃幕墙平面示意图

14. 楼内的自动扶梯计算建筑面积吗?

解答: 楼内的自动扶梯应计算建筑面积。新旧规范有所不同,《建筑工程建筑面积计算规范》(GB/T 50353—2005)的规定是"自动扶梯不计算建筑面积。"《建筑工程建筑面积计算规范》(GB/T 50353—2013)不计算建筑面积的内容中未提"自动扶梯、自动人行道",自动扶梯在楼内时可以按照自然层计算建筑面积。但是自动扶梯设在大厅(图1-9)或室外时,扶梯属于设备安装,不应计算建筑面积。

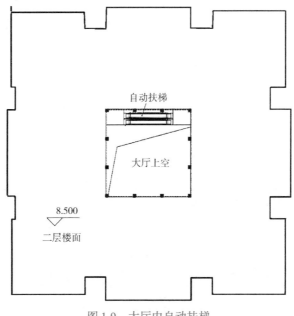

图1-9 大厅内自动扶梯

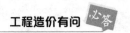

15. 露台与阳台怎么区分？计算建筑面积有影响吗?

解答: 露台的四个属性:

(1) 设置在屋面、地面或雨篷顶。

(2) 可以出入。

(3) 有围护设施。

(4) 无顶盖。

以上四个条件同时满足可以定义为露台，阳台需要计算建筑面积，而露台不计算建筑面积。阳台一般是指有顶盖，防止楼上落物，供居住者进行户外活动、晾晒衣物等的空间。露台则为露天的形式，一般建于高级住宅或者大面积住宅当中，是其屋顶的一个平台，露台一般是用来休闲娱乐的地方，比较适合户外的聚会聚餐、避暑纳凉等活动。

16. 现场人工回填土要计算二次倒运吗?

解答: 不需要计算二次倒运。人工回填土定额子目中包括5m以内取土,若超出工作内容以外,可以办理现场签证。

甲方分包土方单项时,需要给建设方写申请报告,让建设方约束分包人卸车到位,现场管理配合的事情需要在施工现场解决,如果施工方没有做任何回应,发生二次倒运就会有争议。

 17. 工程量清单计价中挖一般土方和挖基础土方有什么区别?

解答: 挖土方是指±30cm以上竖向布置的挖土或山坡切土,是指室外设计地坪标高以上的挖土。挖基础土方适用于基础土方开挖。

挖一般土方是按照设计图示尺寸挖运量计算工程量,挖基础土方是按照基础垫层底面积乘以挖土深度计算。《房屋建筑与装饰工程工程量计算规范》(GB 50854—2013)中有明确区分,工程量计算规则注明,两者的区别是设计图示尺寸工程量与基础垫层底面积乘以挖土深度的工程量。

 18. 素土回填与原土打夯有什么区别?

解答: 素土回填是夯实土方垫层,原土打夯是在自然密实的土方上夯实。两者的工作内容不相同,素土回填包括取土、找平、分层夯实、洒水等工作内容,原土打夯包括平土、找平、洒水等工作内容。

工程计价时,在施工图的营造做法中注明为垫层且有厚度尺寸者,需要套用定额子目的素土回填,只注明工序的可以区别出来是原土打夯。

 19. 人工场地平整和机械场地平整的区别是什么?

解答: 一般作业方法或工序都是施工方自行考虑的,场地平整事项可按照施工组织设计中的土方方案进入工程结算。一般施工情况下,场地面积500m²以外的采用机械场地平整,机械效率大于人工就要考虑经济成本,但是机械进出场的费用要折算在单价中,场地较小可以使用人工场地平整。

20. 地基勘察报告做完以后还需要做基础钎探吗？

解答： 基础钎探是针对基础下的空洞、软泥、流沙等较浅的地下探测，地基勘察报告是基础承载力的勘察报告，是较深层的勘察。基础钎探主要针对扰动过的土壤，施工时有必要探测。两者可以同时发生费用，但从施工方角度分析，地基勘察报告是由建设方完成，基础钎探是由施工方完成，套用定额时只有基础钎探定额子目。

 21. 基础槽底挖排水沟土方，应该套用人工挖土还是机械挖土定额子目？

解答： 套用机械挖土定额子目。因为机械土方定额子目中包括人工挖土内容。依据预算定额第一章土（石）方基础垫层工程中的计算规则："排水沟挖土工程量按施工组织设计的规定以体积计算，并入挖土工程量内。"由此，机械挖土方定额子目中包括人工清理槽底，排水沟挖土应该与机械挖土方工程量合并计算。

 22. 开挖基础过程中遇到岩石，多次驳运到基坑外怎样计算相关费用？

解答： 土方开挖预算定额中有挖土方和挖石方定额子目，分别套用相应的定额子目即可。挖土过程中遇到大石块，预算定额中有岩石分类表，查找到相应的定额子目套用即可。液压锤破碎石方工作内容包括："装卸机头，机械移动，破碎岩石，风镐破碎岩石。"挖掘机挖装石渣工作内容包括："挖渣，弃渣于5m以内或装渣。"自卸汽车运石渣工作内容包括："运渣，弃渣；维护行驶道路。"

综合上述内容分析，多次驳运到基坑外是施工方案或现场施工原因造成的，因此计价时只能套用定额的破碎、装车、运输这三个子目。

23. 基础基坑底部土方开挖后需要机械原土夯实，请问定额原土夯实如何理解？

解答： 基坑底部需要机械原土夯实，可以套用原土打夯定额子目。部分地区定额套用混凝土垫层或者灰土垫层以后包括原土打夯，要看定额说明；也有部分地区采用在基坑底部原土碾压，此工序需要另行套用原土碾压定额子目。

例如天津市预算定额，第一章土（石）方基础垫层工程，说明中规定："混凝土垫层项目中已包括原土打夯。其他垫层项目中未包括原土打夯，应另行计算。"所以，原土夯实需要根据地区的地质情况来判断，找到相应的预算定额说明来确定。

 24. 场地内余土外运可以先扣除场地平整30cm，再计算运土工程量吗？

解答： 余土外运不能按场地平整计算。扣除场地平整±30cm以内，再按照余土堆方

30cm 以上计算土方运输工程量，这种计算方法是错误的。运输工程量计算规则是按照设计图示尺寸计算，场地平整计算规则是 ±30cm 以内的土方挖填找平，显然此项不适用。

铲运土方是以自然地坪为计算高度尺寸。如果施工现场是硬化场地堆土则没有争议，如果施工现场是自然地坪，铲运机铲平场地有误差，是机械施工工序范围内的作业，不应考虑扣减场地平整。

25. 地下室外墙回填土，是按机械碾压还是人工回填土考虑？

解答： 应该根据施工组织设计相应的内容考虑回填方式。地下室一般是采用人工回填土方式，运输汽车运至槽边，人工分层夯实。在基槽比较宽的部位，施工时有时会临时使用小型压路机配合作业，但是施工组织设计中常规做法是人工回填土方式。

在工程结算时，甲乙双方发生定额套用的争议，处理方式往往按照现场实际作业情况选取定额子目。但是，在小型压路机为辅助的情况下，要套用人工回填土定额子目，因为机械碾压是在基槽内或路面，并且定额子目内的压路机都是大功率型号，并不适用于地下室外墙回填土的部位。

26. 施工现场需要买土回填，是否还要增加运输费用？

解答： 回填土定额子目中不包括买土的价格，是利用现有土方，只包括人工、机械的作业施工。预算定额中组成材料的价格是按照落地价格，即运输至施工现场的价格。

在实际采购时，购买土方的价格如果不含运输费用，可以把运输费折算到土方价格中，进一步签证确认。

27. 建设方将机械挖土方单独发包，为什么施工方还要计算5%的土方费用？

解答： 如果是甲分包方采用机械挖土方，人工配合清槽、边坡处理、挖排水沟、拍底等工作由施工方完成，机械挖土方定额子目是按人工部分10%考虑的，可以参考预算定额标准进行分析。

如果是甲分包方全部完成土方相关的工作内容，施工方只收取配合费服务费就可以。在通常情况下，甲分包方机械挖土方只是完成机械作业，挖掘机驾驶员操作熟练时，槽底预留土方厚度可以减少，因此施工方清槽所用的人工相应减少，施工方可以按5%的土方费用计算。

28. 采用清单计价时，基础回填土方是否要考虑放坡及工作面的工程量？

解答： 清单回填土是不计工作面和坡度的工程量的。《房屋建筑与装饰工程工程量计算规范》（GB 50854—2013）中，回填土计算规则明确规定"余土弃置按挖方项目清单工程量减

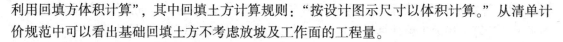

利用回填方体积计算"，其中回填土方计算规则："按设计图示尺寸以体积计算。"从清单计价规范中可以看出基础回填土方不考虑放坡及工作面的工程量。

29. 放坡系数和土方增量折算厚度两者是什么关系？

解答： 放坡系数计算土方工程量是按照定额规定的放坡系数计算，实际是增加措施土方工程量的，土方增量折算厚度计算是按定额中规定的折算表计算的。两者区别是按照各自地区预算定额的规定计算，以项目所在地为区分标准，找到预算定额中所规定的计算方式确定。

30. 工程量清单中对应土方开挖内容报价，未考虑基坑汽车坡道工作内容，结算时可以增加工程量吗？

解答： 施工方在投标报价时，已经充分考虑土方的措施作业内容，基坑汽车坡道属于开挖基坑的措施工程量，设计图示尺寸并未包含汽车坡道的工程量。如果投标报价未考虑汽车坡道工程量，视为施工方让利，结算时不能增加工程量。

31. 建设方指定了弃土场地，此场地平整费用是否可以计取？

解答： 预算定额计价中不包括弃土场地平整费用，除非合同中特别约定弃土场地的平整费用。场地的租赁和平整工作应由建设方完成，交由施工方使用。如果让施工方完成场地平整，并且合同中未约定此费用，可以借用场地平整定额子目计算费用。

32. 什么是盆式开挖土方和岛式开挖土方？

解答： 盆式开挖土方和岛式开挖土方的区别为：

（1）盆式开挖土方：基坑侧壁内侧预留土，挖除基坑其余土体后形成类似盆状的基坑，待支撑形成后再开挖基坑侧壁预留的土方的基坑开挖方式。

（2）岛式开挖土方：先开挖基坑周边土方，最后挖去中心土墩的开挖方式。施工中可以利用中心土墩作为临时结构的支点。

（3）解释内容参考《建筑深基坑工程施工安全技术规范》（JGJ 311—2013）。

33. 计算土方工程量时，是否需要进行实方与虚方之间的换算？

解答： 需要区分不同情况决定是否进行实方与虚方之间的换算。

（1）对建设方结算时，工程量清单中是按设计图示尺寸计算，不需要考虑换算问题。只是在投标报价回填土方的回运工程量需要套用预算定额时，考虑自然密实土方与夯实土方之间的换算。预算定额中，土方运输定额子目是按照自然密实土方考虑，土方外运不需要考虑实方与虚方之间的换算。

（2）对劳务分包结算时，一般按照实际运输体积计算工程量，外运土方需要考虑实方与虚方之间的换算。

 34. 人工清槽是否应单独计算费用？

解答：不应单独计算费用，预算定额中人工清槽是包含在机械挖土方定额子目中的。如果工程量清单的挖土方分项中，项目特征描述未注明包含人工清槽，在工程结算时可能产生争议。审计人员会认为不管采用机械开挖还是人工开挖土方，都已经综合了该工序费用。如果清单特征描述清楚，就不涉及此问题。

 35. 地基必须进行钎探吗？

解答：不是必须进行钎探。在一般情况下，深基础工程在结构设计时不要求进行地基钎探。需要进行钎探的，如《山东省建筑工程消耗量定额》（SD 01—31—2016）中有"基底钎探"定额子目，按照所钎探部位的面积计算工程量。其工作内容包含钎孔布置、打钎、拔钎、灌砂堵眼。

 36. 室外回填土报价应注意哪些事项？

解答：应注意计量与计价的问题。

（1）计价问题：土方材料是否需要外购、运距及运输方式、夯填方式、不同回填土材质的分界。措施方面应注意扬尘治理等安全文明费用。

（2）计量问题：计量规则（按照基坑支护边线还是清单工程量计算规则），与室外配套分包方的界面划分、暗散水以上部分的回填量、阳台底部等位置的计量。

 37. 土石方工程允许超挖吗？

解答：人工、机械土石方和爆破石方等工程，许多省市的预算定额规则允许有一定范围的超挖。比如《河北省预算定额》允许的超挖尺寸为：松石、次坚石0.2m，普坚石、特坚石0.15m。

但是，在投标时，多数情况下招标文件会明确不承认超挖尺寸。所以，在投标报价时，应根据企业的实际情况考虑此部分因素，如超挖成本、超挖引起的回填成本等都要考虑在投标报价中。

 38. 土石方工程中，计算石方摊座应注意什么？

解答：许多的土石方工程由建设方独立发包，预留的覆土、石方摊座由施工方完成，爆破后基槽底预留的石方局部不平整，施工方要求现场签证，建设方往往以合同无约定、定额没有明确此部位的厚度为由拒绝。

《河北省预算定额》说明中对摊座的定义为："是指石方爆破后，设计要求对基底进行全面剔打，使之达到设计要求标高。"摊座一般是指对爆破后的基槽底平整度在30cm以内的人工凿平、整理、清除石渣的工作。应注意本地区的预算定额中对此项是否有明确规定，要做好相关约定。

39. 回填土超过了定额规定的运距，办理现场签证时应注意什么？

解答： 要顾及建设方的感受，因为运输工作已经结束才办理现场签证，如现场签证单仅写明运距，取土点无法核实，数据没有可追溯性，是对建设方不负责任。所以，要用科学的图示方法附带证明，并加以说明（有参照物的标明参照物），可提供所需的全部资料数据。如果事先通知建设方代表、监理核实情况再施工，可以避免办理现场签证过程中的复核数据工作。

40. 岩石的地勘分类与定额分类不同，该如何对应？

解答： 许多岩石的地勘分类名称与定额分类名称不同，如地勘中的强风化岩、中风化岩、微风化岩，以《河北省预算定额》为例，分类名称为：松石、次坚石、普坚石、特坚石。

地勘分类究竟如何与预算定额中的分类相对应，此问题需要专业人员确定。建议遇到这种情况，双方应预先约定，避免在工程结算时发生争议。

41. 工程量清单报价基础土方分项应注意哪些施工部位？

解答： 目前，清单计价已经基本替代了传统定额计价模式。清单报价有更多的自主性，企业得以摆脱限制，更好地发挥自身优势。但清单计价综合性强，没有扎实的施工功底，无法透彻理解清单内涵，报价就不能真实反映出实体的基本价格，从而留下项目亏本的隐患。这对造价人员提出了更高的要求，只会依赖定额计价的造价人员将面临被市场淘汰的危机。

本案例描述见表2-1。

表2-1　某项目工作界面划分

总承包单位工作内容	分包单位工作内容
（1）土建总承包单位负责场地接收，有责任一次性向土方分包单位、桩基分包单位提出移交界面存在的所有问题（含过程跟踪）	一、土方单位
（2）基础及房心土回填（取土地点由总承包单位根据现场情况自行考虑）	（1）非主楼范围挖至垫层底标高以上0.3m。预留的基底覆土（0.3m）清理及外运由土建总承包单位承担

（续）

总承包单位工作内容	分包单位工作内容
（3）根据地形图及楼座周围总平面图标高考虑场区回填土工程（取土地点由总承包单位根据现场情况自行考虑）	（2）主楼范围挖至褥垫层底标高以上 0.5m。预留的基底覆土（0.5m）清理及外运由土建总承包单位承担
（4）基槽清挖及外运由总承包单位承担，按基底垫层水平投影面积计算，垫层以外工作面基底清理费用在综合单价中自行考虑	（3）若土建总承包单位管理不善，造成土方超挖、超填，相关费用由土建总承包单位自行解决
（5）场地平整费用（是指满足施工要求所需的临设、临建、加工区等费用、施工前期杂草及垃圾外运等费用）在组织措施费中考虑，不再另外计取费用	二、桩基单位
（6）由总承包单位负责桩头剔凿后的断面修补，费用在组织措施费中考虑，不再另外计取费用	（1）截桩头及外运
	（2）桩芯土（褥垫层范围内）、电梯基坑、集水坑等土方开挖及外运由桩基单位负责

（1）报价需考虑的因素之一。表2-1中内容"土建总承包单位负责场地接收，有责任一次性向土方、桩基分包单位提出移交界面存在的所有问题（含过程跟踪）"，信息量很大，关键词是"管理"，重点在于前瞻性、计划性和全过程的管理，在过程中及时"向土方分包单位、桩基分包单位提出移交界面存在的所有问题（含过程跟踪）"，牵涉技术层面和管理层面的问题。

1）技术层面的问题。对约定的移交界面应充分认识和理解，不能向"土方、桩基分包单位"提出超过约定的无理要求；前瞻性和计划性，在于"一次性"和"所有"。因为"所有"，所以一次有用，二次无效（或可能无效）。

2）管理层面的问题。管理涉及全过程，讲究前瞻性与过程中的及时性，而不是事后再亡羊补牢；协调与管理应注意"一次性向土方分包单位、桩基分包单位提出移交界面存在的所有问题"的描述，而不是向建设方提出问题，说得直白一点，就是建设方将棘手的麻烦与协调工作全部留给了施工方。

以河北省石家庄市此类分项常规做法为例，土方分包单位、桩基分包单位的合同是与建设方签署的，施工方对其没有制约权，所以管理的方法尤为重要。

（2）报价需考虑的因素之二。从表2-1中总承包单位工作内容第（2）、（3）、（5）条可以看出现场勘察的重要性，投标报价前必须结合施工图进行实地勘察。通过实地勘察：

1）评估现场是否有堆土空间，可以确定尚未开挖的土方是外运还是场内倒运。比如，可以分析出回填土方是否需要外购土方，需要分析填土场内倒运与外购土方的成本差异。

2）充分评估现场的储存方量和未开挖的土方量，还要考虑是否有未施工的长螺旋钻孔桩的桩芯土方。

3）根据场地的标高估算出所需的回填方量，在宏观上进行土方的盈亏平衡分析，以确定土方是外运还是外购，以及外运方量和外购方量。

4）基础、房心回填土，注意储存土方地点到回填地点的距离，如果超出预算定额规定的运距，需考虑回填土的运输、装卸成本。

5）施工部署是影响房心回填土方施工成本的主要因素，要确定是采用平行施工还是采用流水施工，如图2-1所示。

平行施工：基础完成后先填土，后进行地下室主体结构施工。优点是施工方便，回填成本小；缺点是占用工期较长。流水施工：基础完成后先进行地下室主体结构施工，后利用施工间隙进行房心回填。优点是占用工期较短；缺点是在完成的结构中回填，施工难度增加，由于层高不够，运土车辆不能直接进入已完成的结构中，可能产生土方的二次倒运，回填成本大，如图2-2所示。

图2-1　房心回填土方

6）结合平面布置，评估办公区、生活区的场地平整成本费用（机械费、人工费）。

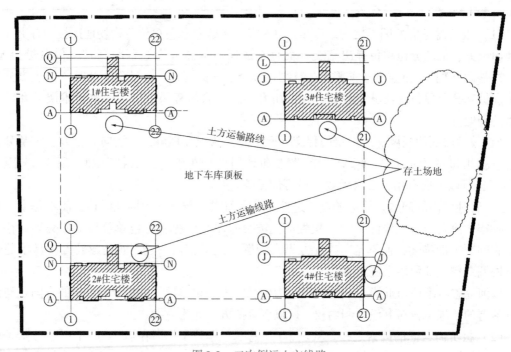

图2-2　二次倒运土方线路

（3）报价需考虑的因素之三。表2-1中内容"基槽清挖及外运由总承包单位承担，按基底垫层水平投影面积计算，垫层以外工作面基底清理费用在综合单价中自行考虑"，结合"分包单位工作内容"，其中的信息量和技术含量很高：

1）总承包单位工作内容的计算规则是清单规则，因此需考虑实际的工作面、放坡等的工作量因素。

2）结合"分包单位工作内容"，主楼以外（地库、裙楼等）的预留覆土为300mm厚，主楼的预留覆土为500mm厚。

含义解读：垫层以外乱堆乱放的土方要管理好，因此增加的工作成本由施工方自行负责；预留覆土的管理，如管理不好，预留覆土超过了 300mm、500mm 增加的工作量或因超挖产生土方换填成本的增加，由施工方自行负责。

3）结合"分包单位工作内容"，电梯基坑、集水坑土方由桩基分包单位负责。

含义解读：电梯基坑、集水坑内有密集的桩基，开挖基坑土方时势必会对已完成的桩有影响，一旦损坏，土方分包单位会认为桩基分包单位完成的桩有质量问题，桩基分包单位会认为是土方分包单位使用机械造成桩的损坏，此条特为防止双方意见不统一所设。以上解读就是电梯基坑、集水坑土方为何由桩基分包单位负责的原因。电梯基坑、集水坑的定位必须精准，开挖不能偏位，也不能超深，施工方需对此负责，一旦偏位重挖或开挖超深，将大幅增加基坑混凝土浇筑量，虽不是施工方开挖的，但也由施工方自行负责。

总之，无论责权是否对等，因上述三点出现的问题，都归因于施工方没有管理好，与他人无关，且不能提出异议。

（4）报价需考虑的因素之四。施工图、清单无法反映的成本因素的预估、预判：不放坡的直壁下蹲式独立基础、浅基坑、浅集水井等侧壁垫层的处理。做法不同，成本就不相同，如集水坑的侧壁是采用支模板浇筑混凝土垫层还是采用砌筑坑壁外侧抹水泥砂浆，如图 2-3 所示。

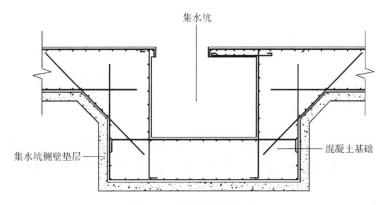

图 2-3 集水坑侧壁垫层

因土质原因（非施工方原因），电梯基坑、集水坑斜坡发生塌方，土方分包单位不可能为施工方修复（也无法修复），具体如何处置，宜先进行答疑或澄清，如图 2-4 所示。

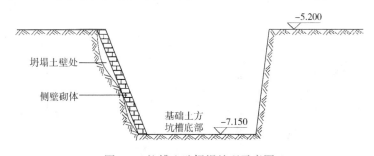

图 2-4 坑槽土壁坍塌处理示意图

1）澄清时如果答复为自行考虑，需根据实地对土质的勘察做出判断。
2）澄清时如果答复可办理签证，则需要跟踪过程，及时完善手续。

表 2-1 中内容"由总承包单位负责桩头剔凿后的断面修补，费用在组织措施费中考虑，不再另外计取费用"，此条内容在河北省石家庄市的工程中，长螺旋钻孔素混凝土桩，桩头都用切割机切割，修补很少，可忽略不计，如图 2-5 所示。

综合上述分析，工程量清单的报价要结合确定的施工部署，在脑海里进行施工过程的"回放"，没有深厚的施工技术功底，思维逻辑能力再好，也无法理解界面描述的深意，自然也就很难估算出潜在的成本，只熟悉预算定额是远远不够的。

从定额计价到清单计价，计价模式的改变对造价人员提出了更高要求，企业需要的是有理念、有眼光，能对成本进行预知、预估、预控的动态型、复合

图 2-5 长螺旋钻孔桩的水桩头处理图

型经济性技术工程师，综合能力的培养则离不开实践的积累。

42. 土方挖填工程量在清单与定额中有什么区别？怎样才能计算精准？

解答：工程造价人员计算土方挖填工程量时，应该注意工程量清单与预算定额计算规则的区别，还要考虑外运与回运的土方虚方实方换算。初入行的造价人员往往容易忽略这类问题，核对工程量时经常引发争议。

（1）挖土方的工程量清单计算规则。工程量清单计价的计算规则不包括工作面和放坡工程量。清单工程量是设计图示尺寸工程量，施工过程中产生的措施工程量已在清单综合单价中考虑。

《房屋建筑与装饰工程工程量计算规范》（GB 50854—2013）的计算规则为"按设计图示尺寸以体积计算"，所谓设计图示尺寸就是施工图设计内容（图 2-6）。该规范第 7 页，注解第 5 条"桩间挖土时不扣除桩的体积"，注解第 8 条"土方体积应按挖掘前的天然密实体积计算"。

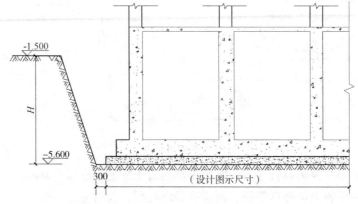

图 2-6 设计图示尺寸

计算清单工程量时，手工计算和软件计算都很简单，直接按照垫层底面积或垫层外圈面积乘以自然地坪至设计底标高即可。

（2）挖土方的预算定额计算规则。挖土方的预算定额计算规则包括工作面、放坡、开挖及运输土方机械进出开挖基坑的坡道等工程量，工作需求不同，放坡的尺寸也不相同。定额还根据作业条件和作业面的材料属性进行划分，在计算定额工程量时要对应项目特性进行计算。放坡工程量的计算要根据土壤类别、作业方式、挖土深度确定放坡尺寸，挖基础土方放坡是以基础底标高（含垫层）为放坡起点。

《房屋建筑与装饰工程消耗量定额》（TY 01—31—2015）中，工程量计算规则第三条"当组成基础的材料不同或施工方式不同时，基础施工的工作面宽度按表2-2计算"；工程量计算规则第四条"土方放坡的起点深度按施工组织设计计算，无规定时按表2-3计算"，通过此规则确定预算定额计算工程量的尺寸（地区定额有规定的除外），如图2-7所示。

表2-2 基础施工单面工作面宽度计算表

基础材料	每面增加工作面宽度/mm
砖基础	200
毛石、方整石基础	250
混凝土基础（支模板）	400
混凝土基础垫层（支模板）	150
基础垂直面做砂浆防潮层	400（自防潮层面）
基础垂直面做防水层或防腐层	1000（自防水层或防腐层面）
支挡土板	100（另加）

表2-3 土方放坡起点深度和放坡坡度表

土壤类别	起点深度（>m）	放坡坡度			
		人工挖土	机械挖土		
			基坑内作业	基坑上作业	沟槽上作业
一二类土	1.20	1:0.50	1:0.33	1:0.75	1:0.50
三类土	1.50	1:0.33	1:0.25	1:0.67	1:0.33
四类土	2.00	1:0.25	1:0.10	1:0.33	1:0.25

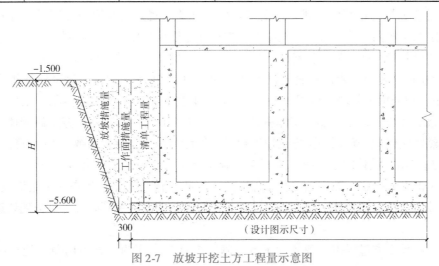

图2-7 放坡开挖土方工程量示意图

按预算定额计算工程量时，首先要确定图纸中的工作面宽度和放坡系数，定额说明第七条第 4 款"桩间挖土不扣除桩体和空孔所占体积"，工程量计算规则第一条"土石方的开挖运输均按开挖前的天然密实体积计算"。定额说明、计算规则、有特殊情况规定的各地区定额都有差异。

（3）土方回填的工程量清单计价计算规则。土方回填的工程量清单计价计算规则要考虑回填作业的工程量和余土外运工程量。挖土方时运输汽车运至 1km 以内的场地，堆土量大于回填土方的部分就要外运出去，清单设立两个子目。

计算清单回填土方工程量时，按照设计图示尺寸计算。清单计算规则列出了场地回填、室内回填、基础回填。场地回填是现场的土方回填，室内回填是自然地坪以上至设计室内标高的土方回填，如图 2-8 所示。

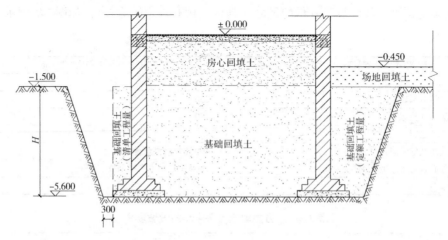

图 2-8　回填土部位示意图

《房屋建筑与装饰工程工程量计算规范》（GB 50854—2013）中关于基础回填的规定"按挖方清单项目工程量减去自然地坪以下埋设的基础体积"，回填土方的工程量要由挖土方工程量计算公式求出。挖土方清单工程量不含工作面及放坡，回填土在计算时不考虑此项目的内容。

（4）土方回填的定额计算规则。土方回填定额计算规则是按照设计图示尺寸计算，包括定额规定的工作面和放坡尺寸，根据挖土方尺寸才能计算出回填工程量。土方外运还要考虑房心回填以及场区回填的工程量，现场剩余的土方要外运，然后计算出外运土方工程量。

《房屋建筑与装饰工程消耗量定额》（TY 01—31—2015）中，工程量计算规则第一条"土方回填，按回填后的竣工体积计算"，竣工体积就是设计图示尺寸体积；工程量计算规则第十三条"土方外运以天然密实体积计算"，设计图示尺寸体积是指夯实后的体积，需要折算成天然密实体积，定额的土方运输工程量按设计图示尺寸乘以系数 1.15 计算。

（5）施工组织设计的土方挖填工程量。施工组织设计的土方挖填工程量是根据工程项目特性做出的对应措施，除定额工程量外，还有一些工作内容是包括在施工组织设计中的。合同约定按清单或定额计算，施工组织设计与规则不相同，在结算时应有签证确认进入结算价款。

例如，在挖土方过程中，现场为了方便施工把承台之间的土方采用通长挖土施工，如

图 2-9 所示，按照定额规则承台和条形基础的工作面为 300mm，而实际为了砌筑作业和机械挖土作业方便，直接挖成通长直线基槽。

在施工组织设计中要考虑土方外运问题，现场无条件堆放土方，需要全部将土方运出场，回填时要再运至现场，这样外运和回运的工程量都有增加，需要办理签证处理。若是清单计价合同，此部分的费用就要考虑在综合单价中。

除回填土运输时乘以系数 1.15 外，实际施工中的分包合同要考虑运输工程量是按照土方系数换算的工程量计算规则。有些项目土方运输按照运土汽车装载斗容积计算，这样方式计算的就是虚方体积，要注意实际运输量与定额工程量对比时的工程量系数变化。

图 2-9　通长直线基槽施工

（6）土方挖填的工程量计算总结。挖基础土方，定额工程量大于清单工程量，定额规则以外的工程量要用工程签证解决，合同已经包括在综合单价中的不另计算，桩基体积不扣减挖土工程量。

回填土方，定额工程量大于清单工程量，回填土的工程量是依据挖土方工程量的扣减计算出来的，回填土的体积按照图示尺寸计算。

土方运输，以压实体积计算时运输工程量要乘系数。余土外运的工程量是挖土方工程量减去回填用土的剩余土方工程量，实际运输工程量超过余土外运体积时，要有施工组织设计并且与甲方办理签证，清单计价包括在报价中的不另计算。

第 3 章　桩基础工程

 43. 为什么要套用定额打拔送桩子目?

解答: 打拔送桩是指根据设计要求而必须将单根桩的顶端打（压）入自然地面以下设计标高处，由于桩基底盘阻碍，地面以下部分需要接入一根"冲桩"才能打（压）入自然地面以下设计标高处。预算定额计价规则是按照施工工序的，所以要另行套用送桩定额子目，工程量清单计价则不需要另行列项。

 44. 混凝土灌注桩计算定额工程量时为什么长度还要增加 0.5m?

解答: 混凝土灌注桩设计长度所增加的 0.5m，是桩顶浮浆层。浮浆层是由于混凝土灌注后桩孔内的泥浆或杂物浮在桩顶端，待基槽开挖后再将顶端的 0.5m 浮浆层凿平整，目的是去除含有杂质且不满足强度要求的桩头，使桩构件达到标准强度设计值。按照定额计算规则计算工程量时要考虑浮浆层，按照清单计价规则计算工程量时按图示尺寸计算，两者计算规则不同。

 45. 桩头钢筋制作安装和桩心钢托板应套用什么定额?

解答: 钢筋制作安装定额子目中包括点焊的工作内容，埋弧焊的工作是钢筋制作安装定额子目的工作内容，不另列项。桩心钢托板制作安装工作内容如同钢结构中的零星构件，可以套用零星构件定额子目。

 46. 预制管桩的填芯混凝土套用哪个定额子目?

解答: 预制管桩填芯采用微膨胀混凝土，没有合适的定额子目可套用，应自己编制补充定额子目。天津市预算定额，第二章桩基与地基基础工程中的工程量计算规则:"混凝土管桩按桩长度计算，混凝土管桩基价中不包括空心填充所用的工、料。"

浇筑桩芯和浇筑集水坑混凝土一样，都是浇筑基础构件，只是施工时为了达到质量标准先浇筑桩芯然后大面积浇筑基础。但是浇筑桩芯混凝土需要报验监理，全部浇筑完成后申报验收，与浇筑集水坑混凝土在施工工序上有差别。有的地区预算定额明确规定可套用零星混凝土构件子目，可以借用此条规定套用定额。

47. 静力压桩变更为桩锤打桩，结算价格可以调整吗？

解答： 首先看投标时的施工组织设计，此项是否为静力压桩施工作业方式。没有施工组织设计描述可以认为漏项，中标后在专项施工方案中体现出米。如果没有申报专项施工方案，施工单位可自行选择施工作业方式，但价格不能再增减。

如果投标时的施工组织设计中写明为静力压桩，实际使用桩锤打桩方式，可以认为是工程变更，在工程结算时按照变更处理。

 48. 焊制桩头钢筋笼，分包价格比预算定额高出很多可以找建设方办理签证吗？

解答： 钢筋工程的安装中包括点焊，不能另行进行签证。一般都是采用工程量清单计价，桩头的钢筋制作安装已包括在投标报价中。

分包价格执行的是市场人工价格，而预算定额价格执行的是地区社会平均水平价格，两者统计方法有区别，不能相对比来说明此项问题。预算定额中混凝土桩的钢筋是全部计算的，不能只对比桩头钢筋，所以建设方不会另行进行签证补偿。

49. 打钢板桩是按打入土的长度计算还是按桩的总长计算？

解答：《预算定额》第二章桩与地基基础工程中的计算规则："打、拔钢板桩工程量按桩的质量计算。"此条规则说明打钢板桩是按照桩的总长度以质量计算工程量的。

打钢板桩需要按照施工图考虑打入长度，首先满足设计要求，钢板桩的外露长度需要根据施工工艺所确定，如图 3-1 所示。从施工图中的设计桩长度为计算依据，超出设计桩长度需要办理签证，找到充足理由证明施工方案的正确性。

图 3-1　基坑四周打钢板桩

50. 计算钻孔灌注桩体积的时候，需要扣减冠梁部分的高度吗？

解答： 灌注桩工程量清单计价规则："按设计图示尺寸计算。"灌注桩的高度要超灌的工程量是施工措施，是灌注桩顶浮浆层，工程量清单计价时不应计算工程量。如果是定额计价，根据《预算定额》第二章桩与地基基础工程中的计算规则："超灌长度设计有规定者，按设计要求计算，无规定者，按 0.5m 计算。"需要按施工图设计长度计算，施工图中没有注明时按 0.5m 计算。

51. 工程量清单计价时，灌注桩直径变更增大，如何重新组成价格？

解答： 可以参考《建设工程工程量清单计价规范》（GB 50500—2013）第 9.3 条中"类似清单变更工程项目"的相应规定，灌注桩断面尺寸变化，变更的清单项目特征描述与原清单项目特征描述有差距，但两者的工料机消耗有所相同，可以认定为类似清单。

灌注桩直径变更增大，工料机消耗可以依据预算定额中相应的消耗同比调整，工料机的价格可以依据原清单分项中工料机的组成价格进行同比调整。

52. 试桩、试验桩、工程桩的区别是什么？

解答： 试桩、试验桩、工程桩的解读如下：

（1）试桩：试桩的目的是为设计人员提供设计参数，参考试桩特征值换算成工程桩的特征值。《山东省预算定额》规定："单独打试桩，按相应定额的打桩人工及机械乘以系数 1.5。"

（2）试验桩：试验桩的目的是为工程桩成孔的施工流程和工艺参数提供依据。确定和检验桩基成孔施工设备、流程和工艺，包括钻机设备选择、成孔工艺、桩位的控制、桩身垂直度的控制、护壁泥浆的浓度、钢筋笼的放置、混凝土的浇筑、后压浆参数等。

（3）工程桩：工程桩是建筑物的一种基础形式。

53. 工程量清单计价，各类桩的计量方式如何确定？

解答： 依据《房屋建筑与装饰工程工程量计算规范》（GB 50854—2013），支护桩和基础桩的计算方式如下：

（1）支护桩

1）咬合灌注桩：米或根。

2）预制钢筋混凝土板桩：米或根。

3）型钢桩：吨或根。

4）钢板桩：吨或平方米。

（2）基础桩

1）预制钢筋混凝土方（管）桩：米或根。

2）钢管桩：吨或根。

3）泥浆护壁成孔灌注桩、沉管灌注桩、干作业成孔灌注桩：米或立方米或根。

4）挖孔桩土（石）方：立方米。

5）人工挖孔灌注桩：立方米或根。

6）钻孔压浆桩：米或根。

 54. CFG 桩基报价应考虑哪些事项?

解答: 依据《山东省预算定额》，从施工工艺考虑，CFG 桩基报价应考虑的事项如下:

1）桩基设备进出场：按台次计算。

2）为打桩机械进入工作面而进行的工作：场地平整及铺路、压实地表等工作。

3）泥浆池：挖土方、砌筑、抹灰、回填。

4）单独打试桩：人工、机械乘以系数 1.5。

5）基坑内打桩：人工、机械乘以系数 1.11。

6）泥浆外运、凿桩头：运输使用的机械，外运运距，渣土处置。

7）实际桩长：由于地质层中有流动、空洞等不良情况，超出设计图示尺寸灌注的工程量。

8）桩基试验：为桩基试验而进行的辅助工作，例如铺路、人工及小机械配合。

9）桩基试验费：一般属于工程建设其他费用，需要根据招标文件确定是否包括在报价内。

10）充盈系数：根据项目所在地判断材料消耗量。

11）泵送费：根据现场输送混凝土条件及施工方案。

 55. 什么是桩间挖土? 如何计算工程量?

解答: 桩间土是指设计桩顶标高至设计基础垫层底标高之间的人工土方。《山东省预算定额》中规定:"桩间挖土是指桩承台外缘向外 1.20m 范围内、桩顶设计标高以上 1.20m（不足时按实计算）至基础（含垫层）底的挖土。但相邻桩承台外缘间距离≤4.00m 时，其间（竖向同上）的挖土全部为桩间挖土。桩间挖土不扣除桩体和空孔所占体积，相应人工、机械乘以系数 1.50。"

《天津市预算定额》第一章土（石）方基础垫层工程中的说明规定:"先打桩后用机械挖土，并挖桩顶以下部分时，可按表 3-1 中系数调增相应费用。计算基数包括桩顶以上的全部工程量。"

表 3-1　挖桩间土系数

挖槽深度	人工工日	机械费	管理费
4m 以内	100%	35%	40%
8m 以内	50%	18%	20%
12m 以内	33%	12%	10%

由此可见，桩间挖土在各地区的预算定额中规定不相同，需要根据项目所在地的预算定额规则计算工程量。

56. 基坑支护采用钻孔灌注桩报价应注意哪些问题？

解答： 基坑支护采用钻孔灌注桩在清单报价时，一般情况定额套用钻孔和混凝土灌注两项定额子目，但定额套用时要注意钻孔的工程量与混凝土灌注的工程量是不相同的。需要根据施工方案，视桩上区域土方开挖标高、冠梁设置等因素，确定工程量。

还要注意桩长是否包含了冠梁高度，即冠梁、灌注桩计量时的扣除关系等事项。

57. 预制管桩的桩芯内掏土能否计算费用？

解答： 从理论上考虑，管桩桩芯内没有积土，因地质原因，施工中桩尖偏离，导致桩芯积满泥土（此现象在长三角地区淤泥地质带尤多）。由于桩头需浇筑混凝土插钢筋笼，须掏出泥土，洗净桩内壁。这类现象是施工方原因造成的，不应该计算费用，但是在实际施工中又不可避免，能否计算费用应在事前与建设方约定，或者在报价时把此项费用考虑在管桩的单价中。

58. 为什么主楼的槽底需要预留覆土为50cm，车库为30cm？

解答： 槽底预留覆土前提是在基坑内打桩。主楼基坑处设计有桩基，需要剔除的桩保护帽一般为50cm高，如果预留覆土不足，桩保护帽就需支模浇筑。并且在基坑内打桩，预留50cm覆土更有利于对持力土层的保护。车库没有工程桩，所以按常规的30cm预留覆土。

各地区的施工方法有所不同，需要根据施工组织设计预留覆土，投标报价时要结合技术标中给出的方案综合考虑价格。

59. 预制桩在工程结算时争议最多的是什么？

解答： 预制的方桩、管桩（图3-2）在施工时最常见的就是桩头打烂、桩打断的情况，一般经过现场多方参与研讨后只能截断重打，造成工料机消耗量增加。无论约定按预算定额方式结算还是按工程量清单方式结算，都需要在投标时澄清，事前考虑清楚，施工过程中办理现场签证，这样在工程结算时才可以减少争议。

图3-2 施工现场打预制管桩

第4章 脚手架工程

60. 外墙采用双立杆的脚手架如何结算?

解答： 从室外地坪搭设高度超过 24m 时，施工方案需要设计脚手架的立杆并设两根，按照预算定额计价时，必须双方确认专项施工方案，此费用另行计算。双排立杆按照双排外墙脚手架考虑，然后计算增加部分立杆的工程量，单价按照租赁单价计取，人工单价以双排脚手架为基数乘以系数 1.3。

61. 招标清单中写明的"结构用架，满堂脚手架"是什么意思?

解答： 结构用架是指主体结构钢筋、混凝土、模板作业时所用的脚手架，楼层高度 >3.6m 时要计算满堂脚手架，≤3.6m 时不计算满堂脚手架。在预算定额中综合脚手架包括二次结构砌筑脚手架，但是也有地区的预算定额是套用单项脚手架，楼层高度 ≤3.6m 的砌筑墙体套用内墙单排脚手架，楼层高度 >3.6m 时另行计算。

62. 在预算定额中脚手架的钢管是不是按摊销工程量考虑?

解答： 预算定额中脚手架有租赁钢管材料和自购钢管材料两种形式，自购钢管材料按摊销工程量考虑。

在施工过程中，施工方案变更涉及的搭拆主要是人工费变化，租赁材料没有发生变化，重新搭拆的人工费用可以办理签证。所以，在工程结算中，按照预算定额结算时考虑人工费用增加，租赁钢管材料可以按照搭拆延长时间办理钢管增加租金的签证。

63. 双排脚手架可以不采用型钢悬挑方式吗?

解答： 双排脚手架搭设是否采用型钢悬挑方式须根据建筑的高度确定。架体搭设超过 24m 就必须使用双立杆，并且需要专项方案论证，如果采用型钢悬挑方式，可以周转使用，经济适用。

在施工过程中，可以依据项目实际情况考虑施工方案。许多项目为多层住宅，为了缩短施工工期，先完成主体施工再回填土方，架体高度不超过 24m 也采用型钢悬挑方式，但是预算定额中综合考虑双排脚手架的搭设费用，不另增加。

64. 在预算定额中楼层高度超过11m如何计价?

解答: 预算定额说明:"现浇混凝土工程内支模满堂脚手架以及其他施工用承重架,层高11m不再执行相应增加层定额。"当设计施工图超出预算定额编制范围时,超过11m以后预算定额没有测定值,可根据实际情况现场测定人材机消耗量,组成费用。

 65. 铺设满堂脚手架的混凝土垫层,如何计算相应的人、材、机等相关费用?

解答: 搭设满堂脚手架时,首层室内有回填土的情况下,施工方案中需要混凝土垫层、方条垫板、铁片垫块作为底座,预算定额中的模板支架包括了所需垫板的费用。但是楼层超过6m属于高支模工程,应有专项施工方案,必须注明具体的作业方式,模板定额子目中不含此项的混凝土垫层和铁片垫块费用,应另行计算,套用相应的定额子目。

 66. 电梯井需要计算满堂脚手架吗?

解答: 预算定额中有电梯井壁模板定额子目,不需要再计算满堂脚手架,井内的脚手架体属于安全文明施工措施中的内容,是防落物的措施。但是,有些地区预算定额中规定电梯井壁处的模板套用外墙模板定额子目,也有些地区预算定额中专设有电梯井架定额子目。

 67. 压型钢板上浇筑混凝土的模板为满铺施工,是否已经重复计算?

解答: 预算定额中没有对此类争议问题的详细解释,架体支撑和水平木龙骨与现浇混凝土板没有差别,只是压型钢板与胶合板重复。在搭设拆除施工过程中节省人工和减少模板材料损耗,报价时可以自行考虑适当降低费用。

 68. 在坡屋面上搭设脚手架施工,可以在脚手架工程中计算这部分费用吗?

解答: 预算定额中脚手架计算规则:"按外墙外边线长度乘以外墙高度计算。"从规则中分析,在坡屋面上搭设的脚手架不属于外墙脚手架,坡屋面板上临时搭设的作业架不包括在定额内。由于屋面板坡度较大,需要设置防护架,可以考虑在安全文明施工费中,在脚手架工程中不另计算这部分费用。

69. 建筑工程中已经计取综合脚手架,为何安装工程中还需要计取?

解答: 脚手架是为施工搭设的,建筑工程专业中搭设的是为完成土建构件所需的操作架,安装工程计取的是为完成安装构件所需的操作架,应分别计算。

可以从预算定额的章节说明中找到相应的脚手架,对应工程项目计取。

 70. 综合脚手架中包括电梯井脚手架吗?

解答: 综合脚手架综合了主体结构施工时的所有脚手架,包括电梯井脚手架。《房屋建筑与装饰工程消耗量定额》(TY 01—31—2015)的说明中规定:"综合脚手架中包括外墙砌筑及外墙粉饰、3.6m 以内的内墙砌筑及混凝土浇捣用脚手架以及内墙面和顶棚粉饰脚手架。"除特殊情况外,正常搭设的脚手架包括在综合脚手架中。

 71. 有柱雨篷的柱子脚手架费用需要单独计取吗?

解答: 综合脚手架按照建筑面积计算工程量时,有柱雨篷的柱子不应另计脚手架费用。建筑工程按照单项脚手架计取时,《房屋建筑与装饰工程消耗量定额》(TY 01—31—2015)的说明中规定:"独立柱、现浇混凝土单梁执行双排脚手架定额项目乘以系数0.3。"按此条说明,有柱雨篷的柱子脚手架费用需要单独计取。

 72. 脚手架搭设与拆除人工费在定额中的比例各占多少?

解答: 实际施工成本是:脚手架搭设占80%,拆除占15%,归堆整理占5%。定额是参照劳动定额人工消耗量的,劳动定额中外墙双排钢管脚手架搭设为0.46工日,拆除为0.276工日,搭设与拆除比例约为3:2。

第5章 砌筑工程

 73. 页岩砖墙和砌块墙的材料消耗分别是多少?

解答: 在《房屋建筑与装饰工程消耗量定额》（TY 01—31—2015）中，240mm 厚页岩砖墙，每立方米使用 240mm×115mm×53mm 的机砖为 534 块，使用干拌砂浆量为 0.23m³/m³；200mm 厚蒸压加气块墙，每立方米使用 600mm×190mm×240mm 的加气块为 0.98m³/m³，使用干拌砂浆量为 0.07m³/m³。

 74. 地下室外墙防水处砌筑的砖胎模是零星砌体吗?

解答:《房屋建筑与装饰工程消耗量定额》（TY 01—31—2015）的说明中规定："贴砌砖墙项目适用于地下室外墙保护墙部位的贴砌砖。"预算定额中有相应的定额子目。

预算定额明确了小便池槽、明沟、暗沟、隔热板带、页岩标砖墩等是零星砌体。零星砌体就是零散的砌体工程，单个构件砌筑工程量很小，地下室外墙的防水砖墙是通长砌筑的，不是零星砌体。

 75. 空心砖或加气块墙体底部使用实心水泥砖砌筑如何计算工程量?

解答: 空心砖或加气块墙体底部或顶部要求砌筑高度 20cm 的实心水泥砖，需要另套用定额子目。预算定额说明："加气混凝土墙基价中未考虑砌页岩标砖，设计要求砌页岩标砖执行相应项目另行计算。"因此应按照设计要求分别计算工程量。

还可以查询空心砖或加气块墙定额子目内的消耗量，如果定额子目中没有显示实心砖消耗量就说明不含此项工作内容。

 76. 砌体墙中通长布置的钢筋是配筋带吗?

解答: 砌体墙中的配筋带是指水平方向的加强钢筋混凝土带，砌体墙通长布置的钢筋，是砌筑过程中直接压在灰缝中的钢筋。两者的区别是配筋带属于构件有厚度，而通长布置的钢筋是在砌筑作业时直埋入灰缝中的。

77. 砌块墙下部砌三皮实心砖、门窗洞口边砌实心砖，可以向建设方办理签证吗？

解答： 投标时可以按照施工图分别计算实心砖工程量，考虑在报价中。如果施工图中未注明需要在施工方案中明确，采用工程量清单报价时，需要充分考虑此类因素，如果采用预算定额结算，必须在施工过程中办理签证。

工程量清单报价时，施工方案应综合考虑。因为墙面抹灰时会洒水到地面，砌块吸饱水在一定时间内不会干燥，墙面涂料完成后会出现"返潮"现象，必须在墙底增加实心砖才能解决这种问题。门窗洞口边砌实心砖是为解决门窗安装时的固定问题，安装门窗时，固定螺栓打入实心砖中更牢固。结合此类施工工艺，施工方应自行考虑相应措施，并在投标报价时考虑在报价中。

78. 基础砖胎模外侧的土方采用人工开挖、回填可以计算工程量吗？

解答： 土方工程量按照工程量清单计算规则或预算定额计算规则计算，工程量清单计算规则不能计算措施工程量。基础砖胎模是为了完成混凝土模板的措施，为砌筑砖胎模而设的工作面是施工措施，因此，这些土方的挖、填不应计算工程量。

79. 工程量清单项目特征描述为 MU10 实心砖，而施工图注明为 MU15 实心砖，应以哪个为准？

解答： 应以工程量清单项目特征描述为准。在施工过程中如发现清单描述不正确，需要通过双方约定的形式提出调整综合单价的诉求。经各方签字确认后，即可生效执行。

《建设工程工程量清单计价规范》（GB 50500—2013）第 9.1 条："项目特征不符"可以调整合同价款，施工图注明为 MU15 实心砖，应向建设方提交增项报告，按实际施工进行调整。

80. 砌体墙拆除报价应该包含哪些项目？

解答： 应包括拆除加气块墙体、拆除二次构造混凝土、拆除墙体拉结筋及其他钢筋、使用脚手架、垃圾自拆除地点运输至场内垃圾存放点、垃圾外运及处置。

81. 砖模与砖胎模的区别是什么？

解答： 砖模与砖胎模两者的区别如下：

（1）砖模：为立砌，当作侧面模板之用。例如使用部位为筏形基础四周、下翻地梁、没有放坡的集水坑等的侧模。

（2）砖胎模：为平面铺砌，当作地模之用。例如使用部位为小型的预制板、预制梁等构件。

两者在预算定额中的计算规则不同。砖模按"m³"计算；砖胎模分厚度按"m²"计算。

82. 施工图中砌块墙宽度与现场实际砌体墙宽度不同，结算时以哪个宽度为准？

解答： 以施工图为准，但是房地产项目应另行考虑。招标图纸中加气块墙与混凝土墙同宽，工程量清单的项目特征为"加气块两边各缩减 10mm，抹 10mm 水泥砂浆"。按预算定额规定，砌块墙的宽度以施工图示尺寸为准，但是目前非标准的市场化清单可能不受该规定约束。因此，投标报价时应仔细查看招标文件，不可一味地采用定额思维，以免在工程结算时产生分歧。

83. 建设方要求将固定门窗的木砖改为混凝土块，能否计算费用？

解答： 如果是房地产项目此项木砖改为混凝土块的变更无法计算费用。

（1）按变更理解可计算，但是需要扣除含在砌体中的相关木砖费用。

（2）根据目前审核环境，建议双方做好相关约定，没有约定施工方在结算时能够计算费用的概率很低。

（3）采用非标准的市场化清单报价时，应仔细查看招标文件，考虑此因素后进行报价。

84. 加气混凝土砌块墙与轻质板墙哪个比较经济适用？

解答： 从造价、工期、质量、节能、环保、产业政策等几个方面进行综合剖析，可以得出结论。此案例对比的是普通加气混凝土砌块与蒸压砂加气混凝土板，±0.000 以上填充墙部位。

本工程案例：某医院建设项目由门诊医技综合楼、病房楼组成，总建筑面积为 90000m²，框架剪力墙结构。门诊医技综合楼地下 1 层，地上 4 层；病房楼地下 1 层，地上 15 层，建筑高度 65m。

非承重的外围护墙：采用 260mm 厚微孔轻质混凝土复合自保温砌块，均采用 M5.0 专用砂浆砌筑，砌块密度 800kg/m³，热导率 0.37W/(m·k)，其构造和技术要求详见图集《JH 微孔轻质混凝土复合砌块自保温体系建筑构造》（L13SJ146）。

非承重的内隔墙：采用 200mm 厚加气混凝土砌块，管井及卫生间围护墙采用 100mm 厚加气混凝土砌块，均采用 M5.0 专用砂浆砌筑，加气混凝土砌块密度 700kg/m³，热导率 0.20W/(m·k)，其构造和技术要求详见图集《加气混凝土砌块墙》（L13J3—3）。

埋入地坪下的墙体：除钢筋混凝土墙外，均采用烧结实心砖墙，砖墙在地坪下 60mm 处设水平防潮层，砖墙两侧做竖向防潮层，做法为 20mm 厚 1:2.5 水泥砂浆，内掺 5% 防水剂。

影像科：DR、数字胃肠、CT、MRI 等房间采用 240mm 厚烧结实心砖砌筑。

对比工程量：仅统计 ±0.000 以上的工程量，用于对比分析，见表 5-1。

表 5-1 某医院砌体工程量统计表

楼座	内墙/m³	外墙/m³	备注
门诊医技综合楼 3.6m 以下	3669.58	887.63	
门诊医技综合楼 3.6m 以上	864.44	171.12	
病房楼 3.6m 以下	9411.32	2073.58	
病房楼 3.6m 以上	1392.21	397.23	
合计	15337.55	3529.56	均为地上工程量

施工方根据以往施工经验，提出使用蒸压砂加气混凝土板来代替加气混凝土砌块，并从技术、造价、工期、质量、节能环保、产业政策几个方面，进行了综合剖析。

（1）施工技术分析

1）蒸压砂加气混凝土 B05 级隔墙板，检测依据《蒸压加气混凝土板》（GB/T 15762—2020）。抗压强度 ≥3.5MPa、绝干密度 ≤525kg/m³。

2）根据该产品的特点，其表面无须再抹灰，可以直接进行腻子、涂料施工。

3）根据上述情况，造价对比的内容包括加气块墙体、植筋、二次结构钢筋、模板、混凝土、抹灰、大面玻纤网、局部钢丝网。

（2）造价成本分析。从成本角度衡量，施工方在内部会有一个价格比较。本书从造价角度，站在施工方对建设方的立场进行分析。

1）蒸压砂加气混凝土板墙的造价。套用《山东省建筑工程消耗量定额》（SD 01—31—2016），山东省人工工日单价 95 元、项目所在地区人工工日单价 85 元、板材材料含税（13% 增值税）市场价 600 元/m³。Ⅰ类工程取费，采用增值税一般计税，税率 10%。

求出轻质墙板，含税综合单价 110.04 元/m²。折算为体积 1100.4 元/m³。

2）加气混凝土砌块墙造价。此分项套用的基本信息，如人工费等，与蒸压加气混凝土板墙一致。其中加气混凝土砌块含税材料价 180 元/m³、成品砂浆 300 元/m³。具体分析见表 5-2。

表 5-2 加气混凝土砌块墙造价分析

分项名称	中标价格/元	折算价格/（元/m³）
加气块墙体	8741840.39	569.96
植筋	2625989.61	139.18
二次混凝土	—	45.65
二次结构钢筋	3095317.50	164.06
二次结构模板	—	77.39
成品砂浆抹灰	—	382.00
抹灰中的网格布	—	96.80
合计	—	1475.04

通过加气块墙体与蒸压砂加气混凝土板墙造价对比分析可见，加气块墙体综合单价1475.04 元/m³，而蒸压砂加气混凝土板墙综合单价1100.4 元/m³，由此可以看出采用蒸压砂加气混凝土板墙具有价格优势，可节省造价约 5740000 元。

（3）工期分析。按照《山东省建筑工程消耗量定额》，加气混凝土砌块墙人工耗量为1.543 工日/m³，本工程砌体数量为 15337.55m³，需要 23665 工日。

综合工程结构特点、砌块及砂浆供应、垂直运输配置、用水量核算、宿舍区安排等因素，允许同时作业的最大人数为 165 人。则完成总量砌体需要 143 日，即 4.8 个月时间。再考虑砌体塞顶、二次结构施工、不可避免的工艺间歇，加之不可控因素的影响，完成上述砌体最少需要 5 个月的时间。

蒸压砂加气混凝土板墙，相同体量的砌体换算为轻质隔墙为 76687.75m²。按照《山东省建筑工程消耗量定额》，轻骨料混凝土多孔条板人工耗量为 0.158 工日/m²，本工程隔墙工程量为 76687.75m²，需要 12117 工日。

以采用砌块方式相同人数 165 人来核算，需要 73 日，即 2.4 月，并且不需要塞顶、二次结构施工、抹灰等工序。由此分析，蒸压砂加气混凝土板墙节省工期。

（4）质量分析。加气混凝土砌块墙易产生质量通病：砌体几何尺寸不符合设计图要求、砌体的整体性和稳定性差、砌体结构裂缝等。给后道工序抹灰，直接带来隐患和难以根治的质量问题。抹灰易产生以下质量通病：抹灰层空鼓、裂缝；墙体与门窗框交接处抹灰空鼓、裂缝、脱落；抹灰面不平整、阴阳角不方正。

这些质量通病会造成实际的实体破损，虽不影响结构安全，但会影响用户的观感和心理感受。而蒸压砂加气混凝土板墙只需处理好板间接缝，不会出现上述砌体及抹灰的质量问题。

（5）节能环保分析。节能属性通过检验报告已经明确，蒸压砂加气混凝土板材符合要求。其砂浆用量极少，可以减少对环境的污染，响应国家的节能环保政策。

（6）政策分析。目前国家推广装配式建筑，集约型生产，减少污染、保证产品质量。蒸压砂加气混凝土板墙符合这样的要求。

（7）建议总结。综上所述，施工方建议采用蒸压砂加气混凝土板墙，代替原来的加气混凝土砌块墙。

85. 工程结算时，核对砌体墙有哪些常见的争议？

解答：甲乙双方在办理结算时对砌体工程经常会发生争议，以下通过总结分析，从施工现场实战考虑，对砌体工程结算时常遇到的几个争议点，提供了基于实践经验总结出的解决办法，并给出了指标含量参考、计价注意事项与劳务分包商务建议。

（1）构造柱

1）争议问题。构造柱设定位置经常产生争议。施工单位采用的图集中布置的构造柱，往往多于结构设计说明要求。而引用的图集做法，又未经建设方认可。在工程结算时，审计人员将以依据不充分为由去掉"多余"部分。

2）解决办法。构造柱设定位置在施工图中标注。通过技术核定单得到建设方、设计方、监理方的确认。可以根据相关图集规定，例如《砌体填充墙结构构造》（12G614—1），确定构造柱的位置。在审批的施工方案中明确设置原则、位置及附图，隐蔽工程验收记录中明确位置，留好现场影像资料。有些房地产项目要求砌体工程有"固化图"，办理这种"固化图"双方确认就不会再产生争议。

（2）植筋

1）争议问题。采用预留钢筋还是框架结构完成后植筋是常见的争议。常规来讲图纸的节点都是按照预留设计，如果施工方没有充分的植筋证明资料，审计人员将不予认可。

2）解决办法。通过技术核定单，让植筋做法得到建设方、设计方、监理方的确认。可依据《混凝土结构后锚固技术规程》（JGJ 145—2013）的相关规定。

依据技术核定单，在审批的施工方案中体现植筋做法。明确构造柱下部钢筋是采用植筋方式还是采用预留方式。在隐蔽工程验收记录中标注植筋做法，留好现场影像资料。

但是在实践中即使办理了签证，一些审计人员也会扣除预留的费用。

（3）钢筋搭接长度

1）争议问题。拉结筋、构造柱及圈梁钢筋搭接长度。参考的平法系列图集是关于主体一次结构的，并未涉及二次结构，在工程结算时，如果没有设计方、建设方的认可资料就会发生争议。

2）解决办法。通过技术核定单，让钢筋搭接长度做法得到建设方、设计方、监理方的确认。依据《砌体填充墙结构构造》（12G614—1）的相关说明："砌体拉结筋通长设置，采用绑扎搭接连接时，搭接长度55d且不小于400mm。构造柱、水平系梁纵向钢筋采用绑扎搭接时，全部纵筋可在同一连接区段搭接，搭接长度50d。"

（4）混凝土过梁

1）争议问题。过梁设置位置和采用现浇还是预制是常见的争议。在一般情况下，门窗洞口没有争议，只是关于安装工程各类箱体上方的混凝土过梁存在争议。

2）解决办法。通过技术核定单，让过梁设置位置及做法得到建设方、设计方、监理方的确认。在技术核定单中明确过梁设置部位，例如宽度超过300mm的洞口上部，设置钢筋混凝土过梁。与安装专业配合好，把需要设置的位置在施工图中标注出来，附上列表并注明预制过梁的位置。

在施工方案中明确预制过梁的制作方式、使用位置、运距、运输及安装方式。一般的审计人员是按照建筑施工图扣除墙体洞口，忽略安装施工图，而建筑施工图对于安装洞口的位置、大小常未单独标注，必须结合安装相应专业施工图才可以确定。

（5）泵送混凝土

1）争议问题。审计人员认为二次结构混凝土泵送费用不能单独计取，预算定额该子目中人工消耗量高于其他构件，考虑了工艺难度，并且垂直运输机械中包含混凝土运输工作。

施工方认为二次结构混凝土泵送费用应该单独计取，其他混凝土既然已经计取了泵送费用，此项也应该计取，并且定额增加的人工耗量，与实际消耗差距很大。

2）解决办法。参考审批的施工方案，确定二次结构混凝土的输送方式，并且留下现场影像记录作为工程结算的依据。

（6）墙体砌筑脚手架

墙体砌筑脚手架执行双排里脚手架双方没有争议，只要在审批的施工方案中体现出脚手架的搭设形式和布设位置，并留好现场照片。因为现场施工时，可能采用简易的移动脚手架，在工程结算时，审计人员发现后会扣减脚手架费用。

第6章　混凝土及钢筋混凝土工程

86. 混凝土垫层原浆收面压光后如何结算？

解答： 施工图设计防水找平层20mm厚砂浆一道，实际施工作业时直接在垫层上抹平压光，属于变更事项，可由变更增减进入工程结算。施工方私自变更，可认定为要扣减价格事项，结构标高不变化的情况下，只有把混凝土厚度增加才可以取代找平层，这样施工作业可以节省人工成本。

　　施工方变更此项内容不影响主体结构质量，可以认为是优化施工方案，节约材料和人工费在审计人员角度考虑，站在公正立场应按正常做法计算，不应增减费用。但是许多房地产项目，审计人员会直接扣减费用。因此，施工方要根据建设方来判断是否要变更此项施工作业内容。

87. 砖围墙下面设200mm厚混凝土，如何判定这个构件是混凝土垫层还是条形基础？

解答： 垫层必须在基础下设置，而混凝土条形基础可不设置垫层。在一般情况下，混凝土条形基础内需要配置钢筋，混凝土垫层中一般不需要配置钢筋。砖围墙只承受墙自身重量，不需要设置太厚的垫层，可认为是混凝土条形基础。

88. 什么是混凝土设备基础螺栓套？

解答： 混凝土设备基础上要放置设备，设备在混凝土基础上要使用螺栓进行固定，先用模板预留出孔的大概位置，待设备调试就位以后再把孔注浆填实。但是对于运行时产生振动的设备是不能采用以上方法进行固定的，只能把螺栓焊接成网与基础一起浇筑，这种情况不能计算螺栓套，需要根据施工方案确定。

89. 屋顶女儿墙顶有150mm厚混凝土带，套用定额时是定义压顶还是圈梁？

解答： 圈梁是砌体结构的基本抗震构造措施，属于抗震构造构件，而压顶是一般建筑构件。施工图中有抗震级别要求时，屋顶的抗震要求要提高，比如施工图设计屋顶砌体女儿墙设置构造柱间距3m，而室内设置构造柱间距4m，可以认为屋顶部位增加抗震设计，应按圈梁定义。

也可以从钢筋配筋中看出是定义压顶还是圈梁，一般情况下，设计构件纵筋 4 根时，应按圈梁定义。

90. 止水螺栓计价应注意哪些问题？

解答：止水螺栓计价应注意问题如下：

1）不可周转螺栓（如防水外墙、人防墙）定额含量是否增加，根据定额说明确定。

2）对拉螺栓端头处理增加，按设计要求防水等特殊处理的现浇混凝土直行墙、电梯井壁（含不防水面）模板面积计算。

3）对拉螺栓眼增加，按相应构件混凝土模板面积计算。

模板中包含的对拉螺栓，在模板拆除时可以抽出来多次周转使用，而外墙的止水螺栓是一次性浇入混凝土构件中的，不能拔出再使用。止水螺栓属于施工措施，预算定额中不包括此项内容。此条解释为《山东省建筑工程消耗量定额》（SD 01—31—2016）的规定，其他地区按照相应政策及合同约定执行。

用于模板加固的对拉螺栓，常见部位有剪力墙、一定高度的框架梁及基础梁、一定宽度的框架柱、二次结构的构造柱、单面支模的大型基础，在一般情况下，都可以周转使用。特殊部位有外剪力墙的螺栓需要在中间加设止水片，人防墙体对拉螺栓不能留设套管，因此这些位置不能周转使用。《山东省建筑工程消耗量定额》（SD 01—31—2016）增加了对拉螺栓子目，适用于此类情况。

91. 地下室的墙柱纵筋是否可以减少在筏板处的连接钢筋接头，直接延伸至正负零？

解答：钢筋接头是为了施工方便才预留的，钢筋设置能通则通，基础顶面设置接头必须符合相关规范要求，并不是必须在某个部位设置接头。基础顶面预留接头需要参考施工组织设计，一般情况下柱纵筋可伸至正负零处。现场施工时，墙体钢筋因直径较小伸出的预留钢筋过长施工不方便，在筏板处设置连接钢筋接头是为了保证施工质量。

92. 集水坑内壁的模板支拆困难，可以按零星构件模板计价吗？

解答：集水坑是筏形基础构件，集水坑的模板需要套用基础模板定额子目，不能按零星构件模板计价。定额子目单价中包括此模板支拆工序，不应另行计算。

93. 预制、现浇混凝土过梁哪个成本价格较高？

解答：预算定额中预制混凝土过梁需要考虑制作、运输、安装、接头灌缝，现浇混凝土过梁需要考虑过梁模板、过梁浇筑混凝土、钢筋。过梁构件单体较小（断面尺寸200mm×

100mm）的采用预制成本价格低，过梁构件较大时采用现浇混凝土成本价格低。实际施工需要结合施工组织设计计算，一般施工图无要求。

 94. 檐口造型空间的模板无法拆除，可以向建设方办理签证吗？

解答：按照预算定额结算时，可以办理签证，采用清单计价的合同，应按照施工组织设计考虑在综合单价中，不另计算。预算定额中的模板是按周转摊销计算的，根据实际情况可向建设方申报增加费用。

 95. 独立基础上的短柱，是套用预算定额中的基础还是框架柱？

解答：根据《全国统一建筑工程基础定额》中的相关说明："柱基上表面是指柱基扩大顶面。基础上部的现浇柱，不论是否伸出地面，凡柱扩大顶面以上部分，均套用柱模板定额。"因此，在基础上的短柱应套用基础定额子目。短柱高度超过柱长边尺寸的3倍后套用框架柱定额子目。

 96. 钢筋搭接定尺长度应该选什么尺寸？

解答：根据施工组织设计内的要求计算。定尺长度一般是根据建筑特性确定，直条钢筋定尺长度，常规有9m和12m，也有的定尺长度是8m，根据梁跨度或柱高度考虑。定尺长度直接影响钢筋接头数量或搭接长度。在工程结算时，此内容双方容易发生争议。

 97. 钢筋接头采用焊接方式还是绑扎方式？

解答：施工图无要求时，在一般情况下，钢筋直径≥16mm时采用焊接，<16mm则采用绑扎搭接。施工现场考虑人工工资上涨情况，采用焊接可以增加人工消耗，钢筋直径≥14mm也可使用焊接。

 98. 计算钢筋工程量时，影响因素有哪些？

解答：影响因素为抗震等级、钢筋级别、混凝土强度等级。抗震等级高，规范要求钢筋锚固长，在计算时不考虑抗震等级会影响工程量；钢筋级别分为一级钢、二级钢、三级钢，钢筋强度大时，钢筋锚固短，在计算时要区分钢筋级别；混凝土强度等级会影响钢筋锚固，在计算时需要按混凝土构件强度要求分类考虑。

99. 屋面铺钢筋成品网片变更为钢筋绑扎方式，在工程结算时应该增加费用吗？

解答：钢筋网片是冷拉钢筋，材料价格较高，现场绑扎采用普通钢筋，材料价格较低，如果相同间距、相同直径的情况下，钢筋成品网片价格高于钢筋绑扎方式，在工程结算时应该减少费用。

 100. 怎么区分一次结构、二次结构使用的钢筋？

解答：一次结构和二次结构是房建施工统称，主体结构为一次结构，砌体墙中的构造柱、圈梁、过梁、压顶之类的是二次结构。可以按照施工图区分，在结构施工图中显示的钢筋混凝土构件都属于一次结构，在建筑施工图说明中的钢筋混凝土构件属于二次结构。例如圈梁、过梁、压顶、构造柱、抱框柱等构件所含的钢筋就是二次结构使用钢筋。

 101. 一个楼层中有多跑楼梯，如何计算混凝土工程量？

解答：计算建筑面积和计算楼梯混凝土工程量是不相同的，计算规则不能混淆。建筑面积工程量是按照自然层计算，而楼梯混凝土工程量是按水平投影面积计算，如果是 4 跑楼梯可以按跑段水平投影面积和休息平台各段面积相加。

依据预算定额说明："楼梯是按建筑物一个自然层双跑楼梯考虑，如单坡直形楼梯（即一个自然层、无休息平台）按相应项目乘以系数 1.2；三跑楼梯（即一个自然层、两个休息平台）按相应项目乘以系数 0.9；四跑楼梯（即一个自然层、三个休息平台）按相应项目乘以系数 0.75。剪刀楼梯执行单坡直形楼梯相应系数。"由此可知，计算混凝土楼梯工程量应先了解当地的预算定额计算规则。

 102. 混凝土材料认价单中包括泵送费用吗？

解答：现场确认价格时可以明确泵送的价格。混凝土供应商一般是泵送车、运输车、搅拌站三方独立核算，泵送价格可以从混凝土供应商那里了解确定。认价单是确认材料运至施工现场的价格，运至施工部位需要泵送，此时要与建设方明确认定价格组成。

 103. 电梯吊钩是套用预埋铁件定额子目还是钢筋定额子目？

解答：要从构件的作用分析，电梯吊钩具有电梯的固定作用，预埋入混凝土的吊钩，应该套用预埋铁定额子目。

 104. 独立基础模板台阶部分的平面要不要支模板？

解答：在一般情况下，独立基础台阶的平面不用支模板，需要根据施工方案确定。有些独立基础台阶施工时为了方便一次浇筑成形，会封闭平面的部分用模板堵起来。

105. C20 碎石混凝土与 C20 细石混凝土哪个价格高?

解答: 混凝土是由水泥、砂子、石子、水和其他材料混合搅拌而成,石子占比最大,石子粒径越大用的水泥越少。在材料占比中,水泥价格高,细石比碎石粒径小,所以 C20 细石混凝土水泥用量多,价格较高。

 106. 防火门下混凝土门槛高度200mm,施工图中标注的洞口尺寸包括门槛高度吗?

解答: 相关门窗安装图集中有详细安装尺寸,门的尺寸和预留洞口尺寸都有规定。依据规范图集,施工图中标注的门高度就是门洞高度,不包括门槛高度。

 107. 梯柱是否可以计算到楼梯工程量中?

解答: 梯柱是支撑楼梯的柱类构件,不应计算在楼梯工程量内。现浇混凝土楼梯是板类构件,楼梯内的梁板应该合并计算。

 108. 钢筋实际施工消耗量和图纸计算工程量对比,差距有多少?

解答: 按照预算定额考虑损耗是 2%～3%,每个施工企业管理水平不同消耗量也不同,管理水平差的施工企业达到损耗5%。一般房建项目,钢筋直径越大的构件损耗越少,因为梁柱锚点部位在施工时可节约钢筋。

 109. 什么是钢筋互锚?

解答: 构件中的钢筋要伸入构件端头,然后进入对方构件内锚固,两个构件同时向对方构件伸入钢筋就是互锚的情况。

 110. 住宅楼的圈梁、过梁、构造柱等这些构件混凝土浇筑是采用泵送吗?

解答: 在一般情况下,二次结构混凝土采用人力车运送,因为混凝土用量零星,泵送管位移耗时大。需要根据施工方案考虑实际情况,造价管理只考虑价格问题。

111. 钢筋马凳应并入实体工程量还是属于措施费?

解答: 并入实体钢筋工程量。根据《建设工程工程量清单计价规范》(GB 50500—2013)

相关规定，现浇构件中固定位置的支撑钢筋、双层钢筋用的"铁马"在编制工程量清单时，其工程数量可为暂估量，结算时按现场签证数量计算。办理现场签证时应标明钢筋马凳的使用位置、规格型号、间距等信息。另附施工方案、隐蔽工程验收记录、现场照片等支撑材料。合同另行约定者按照合同执行。

112. 剪力墙拉筋两端部是否必须做135°弯钩?

解答：不必两端都做135°弯钩。根据《混凝土结构工程施工规范》（GB 50666—2011）相关规定："拉筋用作剪力墙、楼板等构件中拉结筋时，两端弯钩可采用一端135°另一端90°，弯折后平直段长度不应小于拉筋直径的5倍。"箍筋、拉筋的平直段长度对于非抗震构件，不小于钢筋直径5倍长度，避免钢筋浪费。

113. 现浇板底部钢筋网的交叉点必须全数绑扎吗?

解答：可以间隔交错绑扎。根据《混凝土结构工程施工规范》（GB 50666—2011）相关规定："板上部钢筋网的交叉点应全数绑扎，底部钢筋网除边缘部分外可间隔交错绑扎。墙、柱、梁钢筋骨架中各竖向面钢筋网交叉点应全数绑扎。"规范中的"应"与"可"要区分对待，现场灵活掌握。

114. 带"E"钢筋的使用范围有哪些要求?

解答：对有抗震设防要求的结构，其纵向受力钢筋的性能应满足设计要求；当设计无具体要求时，对按一、二、三级抗震等级设计的框架和斜撑构件（含梯段）中的纵向受力普通钢筋应采用 HRB335E、HRB400E、HRB500E、HRBF335E、HRBF400E 或 HRBF500E 钢筋，其强度和最大力下总伸长率的实测值，应符合下列规定：

（1）钢筋的抗拉强度实测值与屈服强度标准值的比值不应小于1.25。
（2）钢筋屈服强度实测值与屈服强度标准值的比值不应大于1.30。
（3）钢筋的最大力下总伸长率不应小于9%。

本条中的框架包含框架梁、框架柱、框支梁、框支柱及抗震墙的柱等，斜撑构件包含伸臂桁架的斜撑、楼梯的梯段等。

115. 钢筋锚固长度包括弯锚长度吗?

解答：锚固长度包含弯锚长度。《混凝土结构设计规范》（GB 50010—2010）和《混凝土结构施工图平面整体表示方法制图规则和构造详图》（16G101—1）中明确标注锚固长度是伸入锚入构件的全部长度。

（1）锚固长度虽然包含了平直段和弯锚段，但必须保证平直段的锚固长度达到图集要求，因为此段是锚固的核心区段。而弯锚的长度更多的是构造要求。

（2）如果平直段不能满足长度要求，需要通过设计单位将原钢筋变更为较小直径的钢筋，也要达到此要求。

 116. 防冻剂、早强剂是否包含在冬雨季施工费中？

解答： 未包含在冬雨季施工费中。《山东省建设工程费用项目组成及计算规则》（鲁建标字〔2016〕40号）规定："冬雨季施工增加费，不包含混凝土、砂浆的骨料炒拌、提高强度等级以及掺加于其中的早强、抗冻等外加剂的费用。"《山东省建筑工程消耗量定额》（SD 01—31—2016）规定："泵送混凝土中的外加剂，如使用复合型外加剂（同一种材料兼做泵送剂、减水剂、速凝剂、早强剂、抗冻剂等），应按材料的技术性能和泵送混凝土的技术要求计算掺量。"外加剂所具有的除泵送剂以外的其他功能因素不单独计算费用，冬雨季施工增加费，仍按规定计取。

 117. 剪力墙螺栓眼封堵是否应单独计费？

解答： 在《青岛市结算汇编》中已将外墙螺栓眼封堵，含墙外侧的防水处理，编制了补充定额，按照剪力墙平方米计量。《山东省预算定额》中内墙的螺栓眼封堵已经包含在墙体抹灰内，《天津市预算定额》有独立的对拉螺栓堵眼增加费定额子目。

 118. 框架梁下部钢筋是否必须在支座处断开锚固？

解答： 可以不在支座处断开锚固。《混凝土结构施工图平面整体表示方法制图规则和构造详图》（16G101—1）中明确中间（顶）层中间节点，梁下部钢筋在节点（支座）外搭接的做法。只是实际施工中在支座处断开锚固的方式有利于施工作业。

这两种不同的处理方式，对钢筋工程量有一定影响，是工程结算的争议点。必须在施工方案中明确，并附以现场签证、隐蔽工程验收记录及影像资料。

 119. 模板材料采购价格涉及哪些内容？

解答： 涉及内容包括地域、材料规格型号、技术指标、周转次数、采购数量、是否含税、付款方式、运费及装卸等。

例如尺寸为1830mm×915mm×12mm的木胶板，周转7~8次，采购数量1000张以上为43元/张。价格包括所有的税金（13%增值税专用发票）、运输费、保管费、装卸费等全部费用。采用现金支付，到账卸货交易方式。

 120. 地下室底板后浇带侧面的封堵措施如何计算费用？

解答： 属于模板费用。因结构设计和工艺需要，后浇带侧面必须采取封堵措施。常用钢筋、钢板网做封堵。根据《房屋建筑与装饰工程工程量计算规范》（GB 50854—2013）相关规定，可以列出后浇带金属网的清单项目，如果合同中没有注明此项内容，只有计算普通模板费用。

 121. 泵送混凝土有哪些需要注意的事项?

解答: 注意事项具体如下:

(1) 泵送的混凝土是否需要添加泵送剂，在混凝土配合比通知单中可体现出来。

(2) 实际泵送混凝土前，需使用一定量的水泥砂浆润滑输送管道。许多项目还采用粉状润泵剂，加入水中使用。

(3)《山东省预算定额》中竖向混凝土构件，材料分析中的水泥砂浆是在新旧混凝土接槎处"坐浆"使用的，与泵送无关。

 122. 构造柱以结构施工图为准还是以建筑施工图为准?

解答: 需要综合考虑。构造柱分为"结构性构造柱"和"砌体构造柱"两种，结构性构造柱在结构施工图上，而砌体构造柱不采用图例表示，反映在建筑施工图或结构施工图的说明中。

计算构造柱工程量时，需要同时结合建筑施工图、结构施工图进行统筹分析，如果设计有遗漏应在图纸会审中明确。

 123. 混凝土抱框柱需要计算马牙槎工程量吗?

解答: 混凝土抱框柱的建筑要求有所不同，不能认为是构造柱。根据《砌体填充墙结构构造》（12G614—1）相关规定，混凝土抱框柱可以不留马牙槎。所以，在计算工程量时，马牙槎的模板、混凝土不应计算。

 124. 为什么预算定额中垫层模板含量要比实际计算的垫层模板工程量多?

解答: 因为预算定额考虑了分段浇筑的拦截模板、下凹的地梁、基坑等下凹口两侧的拦截模板，此工作内容不在施工图中体现，只能在施工方案中找到，所以预算定额中垫层模板含量较高。

125. 厨房、卫生间砌体墙下设计的混凝土防水台模板应套用哪个定额子目?

解答: 套用圈梁模板较为合理。分析如下:

（1）预算定额中没有明确特殊说明。

（2）砌筑墙体时需要先二次浇筑，防水台与圈梁的两面支模特征较为相似。而过梁、单梁等为三面支模，从工序和工作内容考虑，应套用圈梁模板定额子目。

 126. 短肢剪力墙与剪力墙的区别是什么?

解答: 短肢剪力墙与剪力墙的区别是墙长与墙厚比值，墙长大于墙厚8倍套用直形墙定额子目。

参照《高层建筑混凝土结构技术规程》（JGJ3—2010）第7.1.8条，短肢剪力墙是指截面厚度不大于300mm、各肢截面高度与厚度之比的最大值大于4但不大于8的剪力墙。《山东省预算定额》解释："短肢剪力墙为 $5 \leqslant H/B \leqslant 8$ ，套用短肢剪力墙定额子目。"

 127. 设计要求地下室混凝土掺加抗渗剂是否可以增加费用?

解答: 抗渗等级为P6时，按照工程造价信息中的普通商品混凝土价格增加15元/m³；抗渗等级为P8时，按照工程造价信息中的普通商品混凝土价格增加20元/m³；如果项目所在地建设行政主管部门发布的工程造价信息中相应价格低于以上单价的，按当地工程造价信息执行。

 128. 计取满堂基础砖胎模以后，是否还可以计取满堂基础模板费用?

解答: 混凝土模板是按施工方案选择模板材质（砖、钢模板、木模板、复合模板）报价，满堂基础构件的模板只发生一次，所以不能同时计算两次模板费用。如果不同部位采用两种材质的模板，应分别计算工程量，两种材质的模板工程量之和为满堂基础模板工程量。

 129. 计算钢筋工程量是按外皮尺寸还是按中心线尺寸?

解答: 计算钢筋工程量时，按外皮尺寸还是按中心线尺寸计算这个问题困扰了很多造价人员。在双方核对工程量时，广联达土建算量软件中有一个设置可以修改，建设方认为应该按照钢筋中心线计算，施工方认为应该按照钢筋外皮尺寸计算，于是双方就产生了分歧。

依据《房屋建筑与装饰工程消耗量定额》（TY 01—31—2015）、《房屋建筑与装饰工程工程量计算规范》（GB 50854—2013）、某地区预算定额计算规则等规定，工程量计算规则为"按设计图示钢筋长度乘以单位理论质量计算"。

设计图示钢筋长度可以解释为图纸中标注的钢筋长度尺寸，施工图参照的图集中标注的就是设计图示尺寸。但是有些地区的预算定额注明按中心线计算。

多数情况下，图纸参照的是《混凝土结构施工图平面整体表示方法制图规则和构造详图》（16G101）系列图集、《建筑物抗震构造详图》（11G329）系列图集等以及相关配套技术支撑，从图集中可看到弯钩锚固长度是按外皮尺寸还是按中心线计算。外皮尺寸就是钢筋从弯钩外侧量取到钢筋末端的尺寸，如图 6-1 所示。以 90°弯钩为例，应按外皮尺寸计算钢筋的长度。

按照钢筋外皮尺寸计算：（300 + 2100 + 500）mm = 2900mm，按照图量取尺寸求出结果也是 2900mm，可见标注的尺寸都是按外皮标注的。实际钢筋下料时要比标注尺寸短一个钢筋直径。

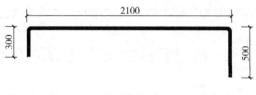

图 6-1　钢筋弯钩

按照外皮尺寸量取就必须要从图纸引用的图集中找到相关依据。以《混凝土结构施工图平面整体表示方法制图规则和构造详图》（16G101—1）第 84 页为例，梁的锚固长度是 15d，尺寸线对准的是中心线还是外皮，可从图 6-2 中找到依据。

如果从此图集中还不能直观看到起至尺寸是外皮还是中心线，钢筋锚固大样可以从《G101 系列图集施工常见问题答疑图解》中找到相关量取起止范围。如图 6-2 所示，锚固值为 0.6l_{ab} 起止位置是钢筋外皮到锚固区边界线，证明设计标准图集的尺寸都是从钢筋外皮量取的。

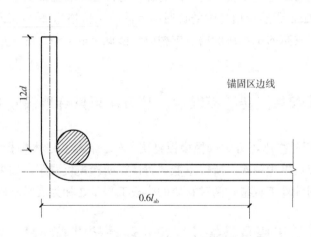

图 6-2　锚固值为 0.6l_{ab} 起止位置示意图

许多人认为按外皮计算应该减少工程量，但实际是应该增加工程量。可以按两种方法分别计算一个钢筋直径 20mm 90°弯钩进行工程量对比，如图 6-3 所示。

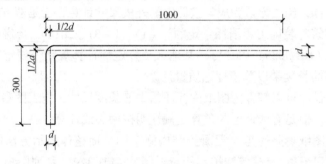

图 6-3　钢筋 90°弯钩

计算工程量：

（1）按照外皮计算：（300 + 1000）mm = 1300mm

（2）按照中心线计算：[（300 - 20/2）+（1000 - 20/2）] mm = 1280mm

以上两个计算结果相差20mm，正好是一个钢筋直径长度。钢筋下料时需要计算弯钩增长值和弯折量度差，但是造价人员在计算时用软件统计就可以，没必要按那么多公式去计算。

预算定额中钢筋未注明按中心线计算时，可以按外皮尺寸计算。钢筋工程量在预算定额中从20世纪80年代至今都是按照外皮尺寸计算的，随着建筑市场钢筋下料计算方法的变化，许多地区的预算定额改变规则调整了消耗量。

造价人员只有找到依据才能解决问题，不能随意揣测，也不能听从别人的错误概念，需要认真分析和理解，以严谨的工作态度去处理各项目的钢筋计算问题。

 130. 受力钢筋、构造钢筋、措施钢筋的区别是什么？

解答： 受力钢筋、构造钢筋、措施钢筋要先从定义、作用和使用部位进行分析，全方位透视不同类型钢筋，再从商务及工程实践层面阐述应用的注意事项。

（1）名词定义

1）受力钢筋是通过结构计算而得到的配筋。多为沿混凝土构件长边方向布置，在构件中承受拉力、压力等。更复杂的与构件一起承受弯、剪、扭等作用。

2）构造钢筋不是通过受力计算得到的，而是根据概念设计或构造要求设置的钢筋。如根据结构概念设计及抗震概念设计，在温度及收缩应力较大部位、应力集中部位配置的分布钢筋，以及受力钢筋的连接位置等配置的加密箍筋和接头率控制及连接区段的划分等。

3）措施钢筋是施工阶段为确保设计者配置的钢筋定位准确，而采取的钢筋制作安装措施。

（2）构件内的作用

1）受力钢筋可单独承受或者与构件中的混凝土协同承受拉力、压力、剪力、弯矩或者这几种内力的综合作用。

2）构造钢筋不承受主要的作用力，只起维护、拉结、分布作用，防止混凝土开裂、确保受力钢筋正常工作等。

比如现浇板的分布钢筋作用是将板面荷载均匀传递给受力钢筋；与受力钢筋绑扎或焊接在一起，形成钢筋骨架，方便施工时固定受力钢筋的位置；抵抗由于混凝土收缩和温度变化产生的沿分布钢筋方向的拉应力；对于单向板而言，分布钢筋还可承受沿长边方向传递的少部分荷载。

3）措施钢筋：对受力钢筋、构造钢筋起固定位置的作用。

（3）使用部位的区别

1）受力钢筋一般用于基础、梁、板、柱、楼梯等构件。纵筋是混凝土构件中最主要的受力钢筋，在混凝土构件内一般沿长边方向布置。如柱的竖向钢筋、梁沿梁长度方向的钢筋、板的短向钢筋、桩的竖向钢筋。

2）构造钢筋包括分布筋、温度筋、梁的架立筋、梁的腰筋、板角部附加筋、基础厚筏板中间层钢筋、剪力墙构造暗柱、砌体拉结筋、加固筋、植筋等。而钢筋的锚固、搭接是一种节点构造措施，其长度也不是通过计算而得来的，是通过系统试验或借鉴国外数据参考而来。

比如温度钢筋设置部位有跨度较大的现浇板；与混凝土梁或墙整浇的双向板的中部区域；与梁或墙整浇的单向板，当垂直于跨度方向的长度较大时，在长向的中间区域。

3）措施钢筋包括梁多排钢筋的垫铁、钢筋马凳、剪力墙梯子筋、柱模定位筋、安装线盒固定用筋等。

比如梁多排钢筋垫铁，《建筑施工手册》中明确规定："纵向受力钢筋采用双层排列时，两排钢筋之间应垫以直径≥25mm的短钢筋，以保持其设计距离。"在《混凝土结构工程施工规范》（GB 50666—2011）中，用于定位的措施钢筋被定义为"钢筋定位件"。

（4）工程造价影响分析

1）受力钢筋按照结构施工图、相关平法系列图集计算即可。

2）构造钢筋需要查看设计说明以及结合图纸引用的图集进行计算。比如二次结构的过梁配筋是引用图集。现浇板的温度钢筋是结构设计说明给出不同情况的列表，在施工时选用。

3）措施钢筋的计算应依据合同约定，视为计量计价方式。要在经审批的施工组织设计、施工方案中明确，要在隐蔽工程验收中明确，要留有现场影像资料，并且要拍摄到第三方人员如跟踪审计人员、监理人员等。比如钢筋马凳要明确使用部位、钢筋的规格型号、本体设计形式参数、排距；梁多排钢筋垫铁也要说明其规格型号、长度、间距、使用部位，剪力墙定位使用钢筋及固定接线盒的措施使用钢筋。

根据《房屋建筑与装饰工程工程量计算规范》（GB 50854—2013）相关规则："现浇构件中固定位置的支撑钢筋、双层钢筋用的铁马在编制工程量清单时，如设计未明确，其工程数量可为暂估量，结算时按现场签证数量计算。"

根据《山东省建筑工程消耗量定额》（SD 01—31—2016）相关规则："本章设置了钢筋马凳子目，发生时按实结算。现场布置是通长设置按设计图纸规定或已审批的施工方案计算。设计无规定时现场马凳布置是其他形式的，马凳的材料应比底板钢筋降低一个规格（若底板钢筋规格不同时，按其中规格大的钢筋降低一个规格计算），长度按底板厚度的2倍加200mm计算，按1个/m²计入马凳筋工程量。新增马凳钢筋定额子目，材料中按钢筋直径 $\phi8$ 列项，设计或实际发生与定额不同时可以换算，但消耗量不变。"

有些房地产项目中，约定几种措施钢筋按照建筑面积包干计取，则需明确其种类、用途。一旦涉及包干使用的条款，必须注意其包干的内容是否可执行，是否方便计量，或者说是否会造成结算时的争议。

131. 有梁板的受力钢筋通长设置和每块板分开布置，哪种方式计算工程量较大？

解答：有梁板的受力钢筋可以按通长设置计算，也可以按每块板分开布置计算。相关规范要求是能通则通，意思是只要钢筋长度足够就通长设置，施工时为了方便，也可断开按规范搭接或锚固。

在实际施工过程中，根据工程特性、设计钢筋直径才能知道通长设置和每块板分开布置哪种方式计算工程量较大。梁或墙宽度较大，受力钢筋直径较小时，通长设置工程量较大，相反则每块板分开布置工程量较大。可以在工程软件中先试计算一个区域，也可以通过手工计算进行比较。

一般情况下，采用钢筋规格是直径12mm，长度12m，盘条光圆钢筋，为了塔式起重机施工方便，下料尺寸不超过8m，吊运至楼层中搭接处理。一般高层住宅进深≤8m、开间≤5m，可每隔两间设一个钢筋接头。地下室底板或顶板施工，劳务分包人员为了节省扛运人力，方便塔式起重机施工，盘条光圆钢筋也会根据房间大小决定钢筋尺寸。

 132. 项目使用铝模板与木模板哪个方案更经济适用?

解答: 成本管理是一个相对值，铝模板与木模板的成本可从多角度进行分析。对比分析后得出结论如下:

(1) 30~40层之间，木模板价格低，超过40层之后铝模板价格低。

(2) 100000m² 以下的项目采用木模板价格低。

(3) 铝模板的优势还体现在其他方面。

从以上结论展开分析，要考虑项目特性与企业特性。具体如下:

铝模板与木模板对比，首先要知道理论上的费用值，然后平衡考虑市场各类因素。项目特性和建筑特性不同，对比的结果不同;企业特性不同，对比的结果也不相同。许多租赁公司为了推广铝模板租赁业务，给出的数据和实际相差太远。从实际施工过程中挖取出来的数据才有说服力。

从项目特性角度对铝模板与木模板价格进行对比分析，首先要从理论数据着手。从工料机组成及利润、税金角度分析实际投入，还要考虑材料的质量，材料的质量影响到周转次数。

铝模板的费用组成为人工费、摊销费、维修成本、分包利润、税金，其中摊销费包括各部件购买价格和残值回收。铝模板是按照自购材料进行摊销方式考虑，回收按照购买价格30%考虑;铝模板施工按照企业的专业分包方式考虑，分包利润按5%考虑，管理费按10%考虑。税金按9%考虑，若企业采用劳务分包方式，税金分开按不同税率计算。

木模板的费用组成为人工费、购买材料、租赁钢管、分包利润、税金，其中购买材料包括胶合板购买价格和残值回收，残值费放入周转次极限值后的零星补充材料费中，胶合板回收价值低，与零星补充材料相抵扣为零，可以不考虑回收价格。钢管扣件为租赁方式，符合多数施工企业的市场交易模式。木模板施工按照企业的劳务分包方式考虑，分包利润按5%考虑，管理费按10%考虑。税金按9%考虑，若企业要求劳务按照3%税率，可分开计算税金进行对比分析。

企业特性的差异分析，要从企业的品牌影响、战略思维、资金实力、承揽能力方面考虑。多维度不仅考虑经济问题，还要考虑企业整体运营，站在做项目角度和企业管理角度，成本选择差异很大。

铝模板用于高层房建项目是有优势的，非标准层建筑使用铝模板不如木模板，所以施工企业要考虑承揽能力方面的问题。企业承揽的项目中房建项目多，并且能持续发展，就可以考虑购买铝模板，若是考虑租赁方式，还要分析租赁价格与购买摊销数据，通过计算分析可知，租赁价格高于购买摊销价格的20%，租赁公司赚取的租赁费至少是铝模板价格的20%，有些地区甚至更高。

施工企业的资金实力也要考虑，特别是公司资金回流慢的企业，铝模板要一次性投入，若采用铝模板方案，一个项目只用铝模板1/4的成本，则就要考虑剩余3/4成本占用资金的贷款利息，用木模板一般一个项目周转完材料就报废，资金完全投入该项目。若是考虑铝模板租赁方案，要考虑资金时间的价值再分析成本价格。所以，采用铝模板和木模板的资金投入，每个施工企业的成本是不相同的。

品牌影响和战略思维是施工企业的成本运营人员要考虑的，项目承揽与企业长远发展受已建项目的质量和口碑所影响，有些房地产项目甲方要求必须使用铝模板施工，而该施工企业正好有库存铝模板，并且有施工经验，这样就会在项目承揽方面和价格方面都有优势。

 ## 133. 预拌砂浆的实际用量为什么比定额用量多？

解答： 预拌砂浆因环保、节能减排、减少城市粉尘污染、保证建筑工程质量等因素，被广泛使用。

在使用预拌砂浆的几个工程中，经事后的两算对比，均发现有不同程度的亏损，经过分析和总结，以造价人员的视角找到了砂浆亏损的原因。

（1）设计原因。施工图设计的内外墙抹灰厚度一般均为15mm，这是理论上的数据，但因各种因素的制约，实际施工平均厚度至少要20mm，这是亏损的主要原因。

（2）砖的规格尺寸较小。现在砖砌实心墙采用的不是标准规格黏土砖，黏土砖已被非烧结砖替代，目前市场上粉煤灰水泥标准砖的规格为240mm × 115mm × 49mm、200mm × 95mm × 49mm，砖的厚度比规定的标准规格薄了3~4mm。

（3）实际消耗与预算定额水平

1）预算定额中一砖墙定额子目是按照墙厚240mm考虑的，而现今各地区的住宅楼设计图中常规厚墙为200mm，有的高层住宅楼部分采用厚度为180mm、160mm的混凝土墙及加气混凝土砌块墙。据此分析，墙体厚度越薄，表面积与体积的比值就越大，同样体积的墙体表面积越大，砂浆的使用量就越多，因此造成隐性亏损。例如有些普通住宅楼的地下储藏室，图纸设计为200mm厚实心砖墙，市场供应的砖规格为200mm × 95mm × 49mm，同样是套用一砖墙定额子目，但是砂浆的用量却有所增加。

2）《河北省预算定额》中加气混凝土砌块墙没有半砖墙定额子目，半砖墙定额子目与一砖墙定额子目的砂浆含量比率相差12%。据此分析，砌100mm厚加气混凝土砌块墙，砂浆体积要亏损12%。

（4）技术管理。定额中预拌砂浆的含量以重量考虑，其理论重量约 $1.75t/m^3$，由此可见，砂浆的含水率几近为零，同时也可看出，定额考虑的砂浆理论重量是规范的。

预拌砂浆生产厂家的生产水平有差异，送到施工现场的预拌砂浆虽称重无误，但是折算为体积以后可能会亏损。

在订立预拌砂浆供货合同时，采用重量和体积双控标准条款是很重要的，是防止砂浆亏损的一个重要环节。

（5）砌墙工艺。砌墙工艺的不同，也影响砂浆的使用含量。比如有些施工单位砌砖墙的上口不采用砌斜砖方式，而是预留20mm的隙缝，再用柔性材料填充，也有些项目采用砂浆填补，造成此部位砂浆的使用量远远超过一般的实心墙用量。

（6）质量管理。混凝土主体结构的质量也影响着砂浆的用量。比如地面高低不平，应该采用细石混凝土找平，可实际施工因现场管理问题，有时为图方便，采用了预拌砂浆找平，造成浪费。

竖向混凝土结构、砌筑墙体质量差也是造成砂浆浪费的一个原因。主要表现为平整、垂直度差，内墙抹灰厚度超出设计施工图要求，这是质量管理意识差、质量管理不严造成的浪费。

（7）收料管理

1）收料人员应具备一定的预拌砂浆常识数据。

2）收料管理不严或因管理制度上存在漏洞容易造成预拌砖浆的亏损。

134. 如何在造价全过程中管理钢筋马凳？

解答： 钢筋马凳是钢筋网片固定的措施钢筋，一般的作用是支撑基础上层钢筋、现浇板上层钢筋。钢筋马凳使用现场钢筋废料制作而成，以往建筑中也出现过水泥垫块、塑料马凳，但是造成了板内渗水现象现已经淘汰。

预算人员在钢筋对量过程中，容易在钢筋马凳的直径规格和间距及长度问题上发生争议。措施钢筋一般无法在图纸中找到，或者图纸结构说明中涉及钢筋马凳信息但没有规格，以往大多按施工组织设计施工。结算时多数施工单位的施工组织设计中并没有注明详细的钢筋马凳信息，这就导致了双方的争执。

（1）招标投标阶段对钢筋马凳的认识。在编制工程量清单时，应另列项明确措施钢筋的清单项。《房屋建筑与装饰工程工程量计算规范》（GB 50854—2013）中钢筋工程相关章节，清单子目编号为010515009名称是钢筋支撑（铁马），在注解栏说明"如果设计未明确，其工程数量可为暂估量，结算时按现场签证数量计算"，可见编制招标文件时，明确钢筋马凳就会减少争议发生。有些招标文件还特别注明"措施钢筋包干1kg/m²，结算时不作增减调整"。

在投标文件中要编写成规范样本，编写一次就可用于多次投标，因为现浇板或基础板差距不大，可以通用。投标时如发现招标清单中没有另列项，要在招标答疑文件中提出让建设方回复，虽然此项工程量较小，但是房建项目的标段面积较大时，增加1kg/m²钢筋工程量的费用也是相当可观的。

（2）施工阶段对钢筋马凳的认识。在招标时若双方没有提出约定，合同也未说明，这时候就要在施工过程中完善证据证明事实。施工单位可在专项施工方案中明确此项内容，也可在三方会议中提出施工方案，还要在施工现场拍照记录实际证据。拍摄照片后，钢筋马凳

在结算审计时也会产生争议，审计方的意见如"这个间距和规格是谁同意的？照片未拍到的部位有没有设钢筋马凳？"。所以，在施工过程中必须把签证办理下来，要将会议纪要和方案转变成签证，方案、会议纪要、照片只能是辅助证据。

如果在施工过程中没有明确，无依据可结算时，要以施工常规做法为参考进行结算。钢筋马凳在现浇板内一般长度350mm以内，钢筋直径6mm或8mm，板厚超过150mm时，钢筋直径10mm或12mm。《建筑施工手册》中注明了钢筋马凳的间距，可作为参考。

基础筏板中的钢筋马凳直径较大时，一般情况下使用通长马凳或支架，支架必须经过受力计算才能确定规格和间距。基础内的钢筋马凳重量占钢筋总重量的60%~80%，其中楼板内占比较小；地下车库的顶板厚度超过200mm时，钢筋马凳含量比较高。

（3）工程结算工作中的钢筋马凳。按照定额计价结算的项目，钢筋马凳是按照实际情况结算的，注意按实际情况是指有证据能证实的数量和规格，还必须有方案、会议纪要和现场照片，双方签字并认可才能顺利结算。

有些地区预算定额中规定了计算方法，比如《山东省预算定额交底培训资料》中说明"设计有规定的按设计规定，设计无规定时，马凳的材料应比底版钢筋降低一个规格，长度按底板厚度的2倍加200mm计算，每平方米1个，计入钢筋总量。"

钢筋马凳可按矩形排布也可按梅花形布置，但一般采用矩形排布。两种排布方式钢筋马凳用量有差别，要注意施工方案中的文字描述。现浇板内双层双向设置的钢筋，四周的梁可作为支撑不须另设马凳。要注意，有许多造价人员是用手工计算钢筋马凳工程量的，比如在住宅的标准层上统计出个数，非标准层也按标准层数量考虑，这样就只需手工计算出一层的工程量，速度要比输入软件重复查找核对快很多。

第 7 章　构件运输及安装

135. 材料进入现场的运输损耗可以计算费用吗?

解答: 预算定额中原材料是按落地价格计入的, 不可以另行计算运输损耗。落地价是指材料进入施工现场卸车至指定地点或仓库的价格, 场外的运输及损耗包括在预算定额的材料价格中。

136. 室外化粪池的材料运输可以增加二次搬运费用吗?

解答: 定额子目中砌筑化粪池已经包括水平运输的费用。四周堆土方时材料无法直接运至槽边, 这是施工方的施工方案考虑错误导致, 卸车后二次搬运不应增加费用。施工现场可以在挖土堆土时考虑留出材料运输道路及场地, 确保施工方案的经济合理。

137. 《工程造价信息》中的混凝土含多少公里的运费?

解答: 《工程造价信息》是地区造价协会发布的价格依据, 是按地区价格平均水平测定的。现场实际采购因为本地区缺货要特殊从外地运输, 应办理签证手续。《工程造价信息》中混凝土价格一般不应调整, 是一个价格参考值。

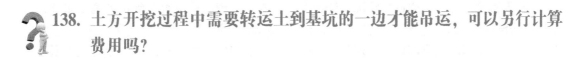

138. 土方开挖过程中需要转运土到基坑的一边才能吊运, 可以另行计算费用吗?

解答: 工程量清单计价方式采用的是固定单价, 按照技术标中的施工组织设计施工, 如果此文件中没有明确, 转运土包括在单价中不应调整。如果是施工时方案发生变更, 需要建设方确认变更后再增加费用。

139. 二次搬运费仅指第二次搬运吗?

解答: 是指二次或多次搬运费用。《山东省建设工程费用项目组成及计算规则》中关于二次搬运费的规定:"因施工场地条件限制而发生的材料、构配件、半成品等一次运输不能到达堆放地点，必须进行二次或多次搬运所发生的费用。"

在一般情况下，场地周边围挡范围内的区域为施工现场。如果因为场地狭窄，需要按施工组织设计考虑，必须在施工现场之外存放材料或必须在施工现场采用立体构架形式存放材料时，其由场外到场内的运输费用或立体架构所发生的搭设费用，按实另计。

 140. 哪些二次搬运费不能计取？计算二次搬运费容易出现的争议有哪些？

解答： 二次搬运费是指因施工场地狭小等特殊情况而发生的二次搬运相关费用。施工过程中现场签证已确认了二次搬运费，为什么结算审计时却无法通过？下面通过以下工程案例进行讲解。

天津市某小区建设工程，室外工程管道沟与室内铺贴地面砖同时施工，铺贴的地面砖、砂石料、水泥只能堆放在距离住宅楼1000m的位置。由于室外管道施工是甲方另行分包，施工单位用木板搭设临时道路，人工搬运材料施工，施工单位申报签证单，现场监理和甲方代表都确认了事实情况。

（1）结算时二次搬运费的争议。工程进入结算阶段，施工方提供签证资料，申报费用共计210万元，但审计人员驳回了室内铺贴地面砖施工所发生的二次搬运费。

具体驳回理由：

1）二次搬运费的发生是工期安排出现差错导致的，是建设方的责任还是施工方的责任无法判断，因此也无法判断应由谁承担费用。如果室外管网施工，是由于建设方整体赶工，要求管网施工方提前进场，由此导致主体结构施工方材料运输受阻，应由建设方承担材料因运输困难而增加的费用。

2）二次搬运的距离，预算定额中已综合考虑，正常情况下，施工方场地布置，材料堆场，都会考虑最优距离。

3）二次搬运费的计取方式无依据，预算定额中的二次搬运费是将所有材料按系数计取的，本次签证内容只涉及地面砖的铺贴材料，签证内容是以工日进行确认的，实际消耗量与参考消耗量有差距，无法决定消耗量标准，因此不予采纳此签证工程量。

4）没有施工方案，搬运的情况无法证实。采取一定措施后可否达到正常施工条件，此搬运方法没有会议纪要，施工方自行构思方案，造成窝工浪费。

5）现场的情况是全部搬运，还是部分搬运？管道沟施工基本完成后，能否减少搬运费用，是否可认为是施工方没有采取措施造成的窝工浪费，需要核实的是地砖铺贴在什么时间段，管沟施工直至回填完成恢复现场道路通行在什么时间段。

（2）施工方补救的办法。施工方打算针对已完项目再收集资料，但所有的资料收集路径都不通顺。于是项目经理组织现场会议，邀约甲方代表、监理代表协商此项费用结算问题。建设方、监理方、施工方都知道发生过此事件，但由于没有资料支撑依据，建设方代表和监理方代表只是口头阐述观点，对施工方重新申报的资料文件不敢签字确认。

需要收集的资料具体有：

1）施工进度计划与分项进度安排，证实工期节点按照合同约定施工。

2）编写施工组织设计，确认现场平面布置图，证实现场堆放点的合理性，求出运距。

3）找到劳动定额，确认借鉴劳动定额地面铺装章节的人工水平运输消耗，解决倒运的工日数量问题。

4）找到管沟的施工方案，求证用木板搭设临时道路的可行性，求证此方案是唯一可靠的施工方案。

5）依据施工方案和工期进度，找到管沟开挖时间及竣工时间，确认交叉作业时间。

6）依据《工程造价信息》施工期间的人工价格，按照发布的普通工日单价计算。

（3）最终解决争议的办法。施工方召开会议，邀请审计负责人、监理方代表、建设方代表共同协商解决方案，同时建设方代表出具管道分包单位的相关合同证据。

四方认定此项费用是场区内倒运费用，现场实际发生了此项费用，是由建设方责任引起的，但申报结算证据不充分。围绕证据入手补救，证明事实存在，把分项内容描述清楚，四方确定以后就可以结算。

具体解决方案：

1）施工方提供倒运时的照片，证明人工倒运材料发生。

2）建设方代表提供管道分包单位的进度记录，施工方提供室内铺装的进度记录，证明施工交叉作业的时间。

3）监理方代表认可材料堆放点的位置，证明了倒运距离。施工方重新提交施工当期现场平面布置的方案图。

4）审计人员接受借鉴劳动定额工日消耗依据，按照铺贴面积求出各类材料的用量，再从劳动定额中找到人工水平运输的相关标准求出用工量。

5）审计人员接受依据《工程造价信息》施工期间的人工价格作为结算工日单价。

（4）预算定额中的二次搬运费知识补充。二次搬运费是因施工场地狭小而发生的费用，可以理解为施工现场没有堆放位置，需另行安排场外堆放，所发生的堆放点至现场的搬运费用。

《天津市预算定额》中关于二次搬运费计算的相关说明："二次搬运按现场总面积与新建工程首层建筑面积比例，以分部分项工程费中的材料费及可以计量的措施项目费中的材料费合计为基数再乘以二次搬运措施费费率计算。"

比例为 3.5～4.5 时 1.02%；比例为 2.5～3.5 时 1.73%；比例为 1.5～2.5 时 2.44%；比例 <1.5 时为 3.15%。

二次搬运计取的距离是多少预算定额中无解释，只是综合说明按系数比例计取。场外堆放材料涉及堆放场地的租赁费和看管人工费，以及材料在二次运输中的损耗，在定额中没有详细的说明，若发生在城区中心租赁场地也是相当大的一笔费用。

可以推导出，三通一平是建设方必须做好的，达不到三通一平条件，也必须是建设方安排好，场地平整是建设方应该提供的，场外租赁的材料堆放场地也应该是建设方提供，或招标文件中注明另行付费。材料损耗和人工看管是施工单位应该负责的，二次搬运过程中必然发生损耗，预算定额中没有指出就说明已包括在定额子目中；人工看管材料堆场可以理解为施工单位的现场管理，所以责任应由施工单位承担。

如果在场区内的运输是因甲方责任引起的，需要办理签证确认处理。人工倒运是针对单项材料的倒运费用，可以用工日计算，二次搬运是针对整个项目的材料进行搬运，是按照材料费乘以系数计取，两者也是有区别的。

（5）分析总结。施工方现场办理的签证必须在施工过程中形成证据的闭合链条，可以追溯到每个分项内容。就如以上案例，若建设方代表或监理方代表不行使权利、不积极参与，施工方实际发生的倒运费用最终将不能进入结算。

第8章 门窗及木结构工程

 141. 门联窗如何计算工程量以及套用定额?

解答: 门联窗按设计图示尺寸以框中心线分别计算出门面积和窗面积,分别套用门定额子目和窗定额子目。

 142. 施工图上标注的门联窗材质、做法与幕墙做法一样,应怎样计价?

解答: 预算定额说明:"玻璃幕墙设计有相同材料平开、推拉窗者,并入幕墙面积。"门、窗、门联窗和幕墙材质做法一样,只要独立的都应套相对应的定额子目,因为各构件框扇材料含量不相同。

 **143. 窗立樘居中是按结构外墙厚度还是按外墙和保温层相加的厚度确定位置?**

解答: 一般施工图的节点都显示尺寸,墙身剖面图很明确地表示窗的厚度及距内外墙皮的距离。如果施工图没有显示,可从门窗图集中找到,图集中包括洞宽和框的尺寸,可以更详细地说明窗立樘位置。

 144. 门窗计算工程量是按设计洞口尺寸还是按框外围尺寸?

解答: 根据《房屋建筑与装饰工程工程量计算规范》(GB 50854—2013)相关规定,木门窗和金属门窗按设计洞口尺寸计算工程量,厂库房大门按框外围尺寸计算工程量。可以对应门窗种类分别找到相应的计算规则,预算定额旧规则和新规则有变化,门窗计算工程量是按设计洞口尺寸还是按框外围尺寸需要结合清单规则和预算定额规则分类计算工程量。

 145. 门窗使用水泥砂浆塞缝的工作,是包括在与施工方签订的合同中吗?

解答: 需要根据施工合同确定。门窗安装分为预留洞和打钢钉固定后抹水泥砂浆两种方式。预留洞方式是预先抹灰完成,预留门窗洞口尺寸,门窗安装时使用发泡胶塞缝;打钢钉固定方式是先安装固定门窗，然后再抹水泥砂浆，需要用水泥砂浆在门窗框与墙面处塞缝。

　　许多房地产项目，建设方采用门窗甲分包方式，需要看与施工方签订的合同是否约定门窗塞缝工作。如果没有约定此项工作，在一般情况下，墙面抹灰属于土建专业完成，水泥砂浆门窗塞缝在抹墙面灰时完成，建筑市场上常规做法是在施工方作业范围内。

　　在许多项目中门窗洞口主体结构预留尺寸超出规范要求，打钢钉固定门窗时门窗框与墙面处的缝隙较宽，此种情况是施工方的责任，应由施工方完成门窗塞缝工作。

146. 建筑方把门窗工程分包，施工方要收取服务费吗?

　　解答:施工方需要向门窗分包单位收取总包服务费。因为施工方为门窗分包单位提供文明施工、垂直运输、作业场地等，预算定额规定需要计算的总承包服务费为2%。

　　许多房地产项目，建设方为了合约简单，土建总承包单位与门窗分包单位是平行发包，不存在收取总包服务费的情况，此费用需要施工方在投标报价时充分考虑在其他项目中。

147. 拆除门窗预算定额中按樘计算费用是否合理?

　　解答:预算定额中的门窗拆除不分尺寸大小均按樘计算，是综合考虑了拆除费用。门窗拆除工作还包括门窗的整体保护以及运至楼下堆放整齐，实际施工作业时拆除费用比预算定额中高时，也必须按定额规定计取费用。

148. 电动开窗器是否要单独计算费用?

　　解答:在预算定额中不包括电动开窗器的费用，可以查看定额子目中的材料消耗量。电动开窗器属于门窗上的电动设备，应另行计算费用。

　　许多大型工业厂房的施工图中设计有电动开窗器，门窗分包单位报价包含此费用，但是从预算定额中分析，此费用可独立考虑单列出来，不能放在门窗五金中考虑。

149. 外檐窗上氟碳喷涂是否需要单独计算费用?

　　解答:在预算定额中不包括氟碳喷涂的费用，可以查看定额子目中的材料消耗量。氟碳喷涂是一种静电喷涂，也是采用液态喷涂的方式，氟碳喷涂有利于延长窗的使用年限，需要单独计算费用。

　　许多房地产项目中，建设方给出的施工图中注明采用氟碳喷涂工艺，包括在门窗报价中，但是在投标时需要门窗生产厂商充分考虑此项费用，单独列项分析价格。

150. 施工用电需要分摊给各分包单位，门窗工程需要分摊电费吗?

　　解答:施工现场如果门窗分包单位未使用电动工具安装门窗，就不分摊施工用电费用，垂直运输机械、照明、防护等设备施工用电是包括在总承包服务费中的，不应分摊到门窗分包单位。

如果在实际施工时，门窗分包单位使用电动工具安装门窗，需要双方协商确定用电费用，不能按总价分摊比例的方式计算。

第9章　楼地面工程

 151. 报价清单中有踢脚线，现场抹灰没有区分踢脚线需要扣除吗？

解答: 踢脚线与抹灰墙面的砂浆强度等级不同，抹灰时会另行增加踢脚线的工序。如果现场使用和墙面抹灰同样强度等级的砂浆制作踢脚线，就是现场管理问题，有充足证据就可以按报价清单结算。

踢脚线一般做法为水泥砂浆打底，素水泥砂浆罩面，实际施工时墙面的水泥砂浆抹到墙底部，没有做素水泥砂浆罩面时，可以协商处理。

 152. 楼地面 C20 细石混凝土是否需要计取泵送费？

解答: 预算定额内装饰专业的混凝土不计取泵送费用。实际在施工过程中有些施工方采用细石泵浇筑地面，这须根据施工方案按变更处理，同时要注意增减垂直运输工日。

 153. 公共走道地面与室内地面的分界在哪里？

解答: 公共走道地面与室内地面的分界，如施工图没有明确，一般以门框的裁口为分界线。这样的分界方法，室内外人员均看不出室内外地坪的材质差异，是装饰的常规做法。

 154. 地面装修中的过门石应该套取哪个预算定额子目？

解答: 如室内外都为地砖，过门石也为地砖时，符合预算定额中拼花地砖定额子目条件。过门石地砖材料与其他地砖的单价不同时，需换算地砖的材料费，过门石材料为石材时，执行石材零星项目定额子目。

过门石为地砖或石材时，且与室内外的地面面层都不同，可执行石材或地砖的零星项目。

 155. 计算楼地面块料面层伸缩缝时应注意什么？

解答: 楼地面的块料面层一般铺设在垫层或找平层上，设计要求间隔一定距离设置伸缩缝。设置伸缩缝时，该处的垫层或找平层也需断开。

计算时要注意区别块料面层缝的做法、断面、材料与垫层或找平层缝的做法、断面、材料的不同，不要混淆。应分别套用定额。

 156. 楼梯、台阶面层的工程量与楼地面的工程量是如何划分的?

解答：计算台阶工程量时，有些造价人员习惯于以门为界，门内按楼地面计算，门外按台阶计算。

楼梯面层工程按与之相连的楼梯梁作为楼梯与相连的楼板的分界线。楼梯计算至楼梯梁的外边线，楼梯梁外边线以外的部分，按楼板计算。没有楼梯梁时，楼梯面层工程量和台阶面层工程量的分界线为梯段或台阶最上一个踏步的边缘另加300mm，按水平投影面积分别套用相应的定额子目。

第10章 屋面及防水工程

 157. 平屋面卷材的工程量与找平层工程量相同吗？定额是怎么考虑的？

解答： 有些地区定额明确规定："平屋面卷材的工程量与找平层相同。"定额是综合考虑的，不扣除卷边部位的墙面抹灰工程量，卷边部位未抹找平层，找平层实际比卷材面积小，所以也不应扣除卷边部位的找平层工程量。

 158. 集水坑斜面的防水应套用立面还是平面防水定额子目？

解答： 立面防水和平面防水是按照所依附构件区分的。集水坑是混凝土筏形基础的构件，按照平面构件考虑，所以应套用平面防水定额子目。

 159. 施工时地库外墙防水保护层由实心砖墙改为保温板铺贴，建设方扣款是否合理？

解答： 如果施工方自行变更减少事项，属于偷工减料应当处罚。如果建设方同意变更做法，并确认为工程变更，价格增减应按照合同约定进行结算。

 160. 混凝土墙面的螺栓孔处刷防水涂料，可以办理现场签证吗？

解答： 需要看合同是否有约定，如果按定额计价方式结算可以办理现场签证。在清单计价的情况下，不可以办理现场签证，因为施工图中没有明确，只是在施工方案中有工程做法介绍，在投标报价时此项费用应考虑在其他清单项中。

161. 防水附加层、搭接、接槎需要重新计算防水工程量吗？

解答： 防水附加层需要重新计算防水工程量，搭接、接槎的工程量都包括在防水材料消耗量中，不应另行计算工程量。《河南省预算定额》中明确规定："屋面、楼地面及墙面、基础底板等，其防水搭接、拼缝、压边、留槎用量已综合考虑，不另计算，卷材防水附加层按设计铺贴尺寸以面积计算。"

162. 卫生间地面上返的涂膜防水，如何计算工程量？

解答： 《房屋建筑与装饰工程工程量计量规范》（GB 50854—2013）中规定："楼地面防水反边高度≤300mm 算作地面防水，＞300mm 算墙面防水。"

如果在投标报价中，地面防水报价套用定额时工程量已经乘了 >1 的系数，则说明此上返内容已包含在地面防水单价中，不另行计费，否则应按照清单规范计算工程量。

 163. 防水工程的蓄水试验费用，是检验试验费吗？

解答： 不是检验试验费。根据住建部发布的《建筑安装工程费用项目组成》（建标〔2013〕44 号），企业管理费中第 8 条 "检验试验费：是指施工企业按照有关标准规定，对建筑以及材料、构件和建筑安装物进行一般鉴定、检查所发生的费用，包括自设试验室进行试验所耗用的材料等费用。"

防水工程的蓄水试验是对防水构件进行检测，所以应包括在检验试验费中。

 164. 购买成品钢筋网一般比现场绑扎钢筋网更经济适用，为何有的项目不采用？

解答： 四坡屋面单块的坡屋面面积较小，例如精巧的别墅四坡屋面，要将整张成品钢筋网剪成所需的三角形或不规则形状，尽管购买成品钢筋网比现场绑扎钢筋网便宜，但损耗率大，所以此类屋面使用成品钢筋网反而不经济。

 165. 瓦屋面施工，采购瓦时应注意些什么？

解答： 四坡屋面的阳角、斜天沟、阴角处三角区的不规则形瓦（图 10-1），需要将整瓦切割，切割剩余的瓦块无法再使用，在采购统计工程量时应按整片瓦考虑，否则瓦的使用数量必超计划。在投标报价时，考虑成本因素也需要考虑项目的实际消耗。

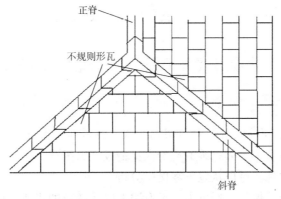

图 10-1 坡屋面的阴角处三角区

166. 计算地下室外墙卷材防水工程量时应注意哪些内容?

解答: 计算地下室外墙卷材防水工程量时应注意以下三点:

(1) 地下室外墙防水应算至出散水上标高面向上 500mm,向上遇空圈、门洞,则应向内延伸 500mm。

(2) 预算定额规定的附加层需另外计算,例如:各阴阳角、散水标高处、后浇带、施工缝、伸缩缝等位置。

(3) 施工过程中注意相关资料的收集整理。

 167. 卫生间内墙面设计要求全部涂刷防水,防水面积是否等于内墙抹灰面积?

解答: 两者面积不相等。预算定额的内墙抹灰计算规则中不扣除踢脚线所占面积,门窗侧壁也不增加,而防水计算规则是按照设计图示尺寸计算。卫生间内墙面全部涂刷防水,则门窗洞口的侧壁也需涂刷,两者的面积计算后不会相等。

168. 有桩的混凝土基础底板,不同的防水材料是否需要搭接?

解答: 需要搭接。基础底板内设计的桩头需深入基础 100mm,由于桩头钢筋的影响,平面部位只能采用防水涂料,不可采用防水卷材。不同的防水材料,除了桩头四周,在平面部位上也需交叉搭接,一般≥100mm。质量要求高的项目,需要防水卷材上翻将桩头包裹并用钢箍加密封膏封堵,如图 10-2 所示。

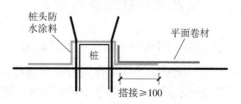

图 10-2 某项目桩头防水做法

169. 基础内的防水卷材实际工程量与定额工程量相比,在哪里容易产生亏损?

解答: 工程造价改革在商业地产上已初见成效,但目前仍没有统一的行规,各业主都有自己的计算规则,给习惯了定额思维的造价人员造成很大困惑。

究竟造成多大的困扰?可以从以下案例中分析。

某项目为非标准清单报价,造价人员没有跟上时代变革的步伐,依然采用定额思维,使基础防水卷材出现了18%的亏损。

（1）非标准清单规则。招标时采用非标准清单，计算规则："按设计图示尺寸净面积加设计上返面积区分平面面积和立面面积分别计算（附加层不单独计算），应扣除凸出地面的构筑物、设备基础、间壁墙及柱、垛、烟囱和孔洞等所占面积，不超过0.3m²的孔洞不扣除"。

从以上规则中的工作内容来看无任何问题，计算规则也与定额规则基本一致。通过核查计算，建设方招标清单的工程量基本无误，那18%的亏损究竟在哪里呢？

（2）核查亏损原因

1）造价人员的定额思维。项目的特殊性为亏损的最主要原因。造价人员没有了解非标准清单报价的本质，不结合工程实际消耗量，没有分析工程的特殊性，依然是按照固有的定额思维，采用预算定额中的防水含量为指导，所以材料消耗有偏差。

2）项目的特殊性。施工图设计为下翻梁有梁式满堂基础，地梁密集，且断面较小，并且附有桩承台，阴阳角较多。扣除地梁、承台的水平面积，地面的平面面积占比较小。由于地梁的断面较小并且阴阳角多，地梁防水附加层的工程量增加，超出了定额含量水平。

按标准规范图集，附加层需要在阴阳角各延伸250mm，每个阴阳角的附加层宽度合计500mm。由于梁的断面较小，所以梁的防水按规范要求附加层的累计宽度铺设，实际铺设已经成为双层铺设。梁的防水附加层面积系数已>2，而非一般的附加层概念。

3）不符合规格尺寸，卷材损耗较大。防水卷材的宽度为1000mm，由于梁的断面较小，附加层需要的长度不符合规格尺寸，裁剪下来的零头料不能使用，造成原材料很大的浪费。

例如：主梁的断面为600mm×400mm（图10-3），其梁上口两侧的附加层每边250mm，正好等于卷材的宽度，不会浪费防水卷材。

梁底的附加层为（250+400+250）mm=900mm，小于卷材的1000mm宽度，裁剪下来的100mm卷材不能在其他部位使用，造成浪费。实际施工时为了节约了人工，多余的100mm没有裁剪下来，于是梁底防水附加层的上翻高度由250mm变成300mm。原设计图示尺寸1.9m宽的附加层实际使用宽度为2.0m，主梁垂直面的附加层约等于满铺。

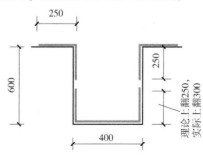

图10-3 基础主梁防水层铺设分析

次梁的断面为500mm×300mm（图10-4），所以附加层的累计宽度为（250+500+300+500+250）mm=1800mm。如果采用与主梁纵向铺贴相同的方法，则会造成200mm宽防水卷材的浪费，在实际施工时改为横向铺贴，将1000mm宽的卷材裁剪成段，每段长为1800mm，横向铺贴在梁内使用，使得梁垂直面的附加层为100%铺设。此种方法虽然减少了材料损耗，但人工用量略有增加。

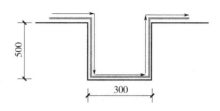

图10-4 基础次梁防水层铺设分析图示

4）平面面积较小，防水卷材损耗大。扣除地梁、承台所占的面积后，平面的防水层面积较小，裁剪下来的防水卷材不能再利用，废料超出常规的损耗。由于平面的防水层面积较小，防水层的搭接数量也超出常规的工程。

（3）分析总结。工程完工后进行核算分析，发现防水卷材的实际铺贴工程量是设计图示尺寸的 1.47 倍，由于有些楼栋管理不严，接近甚至超过 1.5 倍，预算定额含量为 1.2654，实际完成防水卷材施工的工程量超出报价水平的 18%。

这样的项目如果合同是按预算定额约定，会造成局部的亏损，因为合同有约定不能随意修改消耗量，但是在市场报价规则的情况下，完全可避免。其根本的原因如下：

1）造价人员对非标准清单的市场化报价理解不深，没跟上时代变革的步伐，依然采用固有的定额思维。

2）造价人员技术水平不高，基础不扎实，缺少施工技术知识，现场经验严重匮乏。市场化报价对造价人员综合技术能力提出了更高要求，只有知道现场如何施工，才能做好报价工作。

3）造价人员综合能力欠缺，职业敏感性不强，除了可翻查定额数据外，对"指标、数据"概念了解不深，没有洞察力。

综合上述情况不难看出，采用非标准清单形式报价给出了规避风险的机会，造价人员却没能把握，工程造价的改革是趋势，非标准清单报价在行业内已广泛实施，造价人员唯有掌握投标报价方法，跟随市场变化，在平时工作中多注意数据、指标的积累，做到心中有"数"，才能在工程造价改革的潮流中屹立不倒。

170. 墙面和门窗侧壁的保温线条应套用哪个定额子目?

解答: 墙面的保温线条是装饰性构件,应在装饰定额子目中套用。门窗侧壁的保温材料和墙体保温材料相同时并入墙体工程量,不同时另列项在建筑工程的保温章节内套用定额子目。

171. 招标清单中外墙保温工程量包含外阳台顶部工程量,在结算时是否需要重新组成综合单价?

解答: 外墙保温和顶棚保温工程做法是有区别的,部位也是有区别的,不能合并计算工程量。从审计角度考虑,最终结算时按照施工图计算外墙工程量,清单计价中无顶棚保温的工程做法,要重新组成综合单价。

172. 岩棉外墙外保温面层的耐碱玻纤网,是采用胶粘剂还是抹面胶浆粘贴?

解答: 用抹面胶浆粘贴耐碱玻纤网。具体如下:
(1) 抹面胶浆是由高分子聚合物、水泥、砂和填料为主要材料制成,具有一定变形能力和良好黏结性能的聚合物水泥砂浆。
(2) 结论:从材料性能、标准做法角度来讲,耐碱玻纤网都应该用抹面胶浆粘贴。
(3) 此解释引自《岩棉板外墙外保温系统》(DB37/T 1887—2011)。

173. 屋面檐口处天沟内侧保温计算工程量是并入屋面内吗?

解答: 应并入墙面保温内计算工程量。外墙外保温中的热桥部位保温工程量都应归入外墙,檐口天沟属于热桥部位的构件。可以依据《外墙外保温》(12J3—1)相关图集中的节点,图集中有相应的檐口天沟内侧保温的详细工程做法。

174. 墙面的保温是按中心线还是按内边线计算工程量?

解答: 按中心线计算工程量。《河南省预算定额》外墙保温的工程量计算规则:"墙面保温隔热层工程量按设计图示尺寸以面积计算。其中外墙按隔热层中心线长度计算，内墙按隔热层净长度计算。"柱、梁面的工程量计算规则："柱、梁保温隔热层工程量按设计图示尺寸以面积计算。柱按设计图示柱断面保温层中心线展开长度乘以高度以面积计算，梁按设计图示梁断面保温层中心线展开长度乘以保温层长度以面积计算。"预算定额中柱、梁面的保温计算规则与清单计价计算规则相同。

墙面保温按中心线或按内边线计算工程量差距不大。"凸"形部位和"凹"形部位在实际工作中按中心线计算工程量时，多算的部位和少算的部位基本上可以相互抵消，墙面保温的两种计算工程量方法求出的结果差距可以忽略不计。

 175. 墙面保温定额子目中含有水泥砂浆消耗量，铺贴保温前还需要墙面抹灰吗？

解答： 需要按照施工图采用定额计价，一般情况下墙面抹灰完成后再铺贴保温板。墙面保温定额子目中的水泥砂浆是保温面层粘接砂浆，并不是抹灰工序所用水泥砂浆。

在实际施工过程中，如施工方在混凝土墙面处偷工减料不抹水泥砂浆，只在砌块墙面处抹一遍水泥砂浆，合同约定按实结算时，可以扣减此种工程做法以工程变更方式处理。

176. 空调板底面、雨篷底面、阳台底面抹保温砂浆可以套用顶棚保温定额子目吗？

解答： 需要按照所依附构件确定保温分类，顶板底部抹保温砂浆可以套用顶棚保温定额子目。空调板、雨篷板、阳台板都是混凝土板类构件，应套用顶棚保温定额子目，外挑檐、凸梁外侧等部位抹保温砂浆，应套用外墙保温定额子目。

177. 楼梯间的管道井内需要抹保温砂浆吗？

解答： 在一般情况下，设计图中靠住户房间一侧和管道井内靠住户房间一侧需要抹保温砂浆。许多施工图只是在图纸说明中标注楼梯间有保温，但在平面图中没有给出保温具体位置，这时可以根据设计意图计算靠住户房间一侧的保温工程量，或者找设计人员确认户内保温部位。

178. 设计图中要求房间内墙抹水泥砂浆，此房间的分户墙抹无机保温砂浆后还需要抹水泥砂浆吗？

解答： 分户墙抹无机保温砂浆后不需要再抹水泥砂浆。墙面抹水泥砂浆是装饰作用，无机保温砂浆也可达到装饰效果，因此房间的分户墙一般在施工时只抹无机保温砂浆。

第12章　装饰工程

 179. 门窗侧壁的涂料要不要计算工程量?

解答: 依据《房屋建筑与装饰工程工程量计算规范》(GB 50854—2013)第 90 页:"抹灰面油漆按设计图示尺寸以面积计算。"和第 77 页:"墙面抹灰按设计图示尺寸以面积计算,门窗洞口和孔洞的侧壁及顶面不增加面积。"由此可确定清单计算规则中门窗侧壁的涂料需要计算工程量。

天津市预算定额和河南省预算定额的计算规则也与《房屋建筑与装饰工程工程量计算规则》(GB 50854—2013)相同,并且天津市 2016 预算定额计算规则说明:"涂料、油漆按展开面积计算。"

 180. 大型商业楼内的抹灰需要计算封闭作业照明费吗?

解答: 不计算封闭作业照明费。预算定额中综合考虑了这部分费用,封闭作业照明费在这项费用里有明确规定。虽然大型商业楼内采光不够,白天抹灰需要借助照明灯完成作业,可是预算定额没有单独说明相关情况的费用,所以不应另行计算相关费用。

 181. 墙面抹灰高度计算到结构楼板面还是楼地面?

解答: 预算定额计算规则是计算到楼地面,按照设计图示尺寸计算。现场分包抹灰班组是在地面垫层浇筑之前抹灰,抹灰工程量高度按结构楼板面计算。这些工程量的差距是施工管理问题,结算按照预算定额计算。

182. 预算定额说明中规定墙面铺贴石材按设计图示饰面尺寸以面积计算,此面积是指投影面积还是展开面积?

解答: 是按照表面积计算。依据《房屋建筑与装饰工程工程量计算规范》(GB 50854—2013)第 79 页:"按镶贴表面积计算。"表面积即展开面积,以石材板面外侧最大面积计算。

183. 劳务分包结算时，抹灰高度是以结构楼板面到现浇板底计算吗？

解答： 应按照正常施工工序考虑，以实际抹灰面积结算。定额消耗量是包括此种情况的，计算工程量时不应另增加。劳务分包结算按实际工程量还是按预算定额计算规则计算，需要看分包合同约定的计算方法。

184. 装饰工程里的面砖墙面要求阳角倒角，可以办理现场签证吗？

解答： 预算定额中包括面砖的切料和拼缝，倒角是拼缝的工序，这项费用不可以办理现场签证。劳务分包要求另行增加费用时，要看分包合同是否约定此项内容，如果无约定可以适当增加费用补偿。

185. 精装修中的过门石应该套取哪个定额？

解答： 过门石一般只是地面砖的颜色变化，如白色地砖地面在门口处铺一条黑色地砖，这种情况不应另行套用定额。

186. 跌级顶棚按预算定额计算工程量时是按展开面积，按工程量清单计算工程量时是按投影面积吗？

解答： 依据《房屋建筑与装饰工程工程量计算规范》（GB 50854—2013）说明中的规定"按设计图示尺寸以水平投影面积计算，顶棚面中的灯槽及跌级顶棚面积不展开计算。"河南省预算定额计算规则："顶棚面中的灯槽及跌级顶棚面积展开计算。"工程量清单计算规则和预算定额计算规则是有差别的。

187. 轻钢龙骨隔断按照框外围面积计算，包含吊顶以上部分没有做面层的面积吗？

解答： 可以参考《内装修轻钢龙骨内（隔）墙装修及隔断》（03J502—1）图集 M07 做法，隔断的外框是指吊顶内的框。按框外围面积计算工程量时包括吊顶内的尺寸。

188. 吊顶中的双层纸面石膏板如何套用定额子目？

解答： 双层纸面石膏板套用定额时需要套用基层和面层两个定额子目。可以在定额消耗量中查找到相关依据，石膏板消耗量是单层的数量。

189. 楼梯底面抹灰如何计算工程量？

解答： 根据各地区计算规则及合同约定计算规则执行。《山东省建筑工程消耗量定额》（SD 01—31—2016）计算规则："楼梯底面（包括侧面及连接梁、平台梁、斜梁的侧面）抹灰，按楼梯水平投影面积乘以 1.37，并入相应天棚抹灰工程量内计算。"《房屋建筑与装饰工程工程量计算规范》（GB 50854—2013）计算规则："板式楼梯底面抹灰按斜面积计算，锯齿形楼梯底板抹灰按展开面积计算。"

190. 楼梯抹灰为何多数是亏损的？

解答： 普通的楼梯抹灰图纸设计一般是选用图集做法，为 20mm 厚水泥砂浆，而 20mm 厚水泥砂浆抹灰难以保证其不空鼓（尤其是踏步角有护角筋的部位）。所以，有经验的施工方在主体结构施工时都将踏步标高压低，适当增加抹灰厚度，或用细石混凝土找平后再抹水泥砂浆压光处理。因此，为了保证抹灰质量而造成水泥砂浆材料的亏损。

191. 计算外墙涂料时应注意些什么？

解答： 对整体的外墙，图纸中一般对颜色、品种的说明比较具体、明确。但对局部细节的说明往往不够明确。例如：空调板的底部、百页封闭的空调阳台内侧、挑檐板的底部、阳台底部及阳台栏板的内侧等，计算工程量时应注意澄清，以免在结算时因无相关的资料被建设方否定。

192. 聚合物抗裂砂浆与抗裂砂浆有何区别？

解答： 聚合物抗裂砂浆由水泥、石英砂、胶粉、纤维等添加剂组成，一般用于墙面保温的涂料面层，中间夹入网格布。抗裂砂浆是在水泥砂浆中加入胶、纤维等添加剂，一般用于面砖面层，中间夹入钢丝网，抹灰厚度在 10mm 以上。两者施工工艺不同，定额子目不同，价格差异很大。

193. 外墙分隔缝、分格缝能否计算工程量？

解答： 外墙分隔缝为伸缩缝，一般从基层开始断开。外墙分格缝，有装饰、方便施工、伸缩缝三重作用，一般只断开面层。

预算定额子目中外墙抹灰考虑了留缝所需的工料，但没有考虑防水填缝的工料。许多设计要求缝内填防水材料，可以列项计算，按照不同材质、断面的大小套用相应定额子目。

清单计价中没有单列出来，包含在外墙抹灰的项目特征中，投标报价时应结合施工图考虑此类因素。

194. 计算镀锌钢丝网工程量时应注意哪些事项?

解答: 应注意镀锌钢丝网孔径与丝径,还须注意是热镀锌网还是冷镀锌网。同样的规格,热镀锌网与冷镀锌网的价格差异较大,在投标报价时不注意会与施工成本有偏差。

195. 住宅楼的内墙抹灰,为什么按定额计算规则计算的工程量要比实际计算的工程量小?

解答: 内墙抹灰定额计算规则不扣除踢脚线所占面积,门窗侧壁不增加。住宅楼为毛坯房交活,室内门窗不安装,空圈增加,门窗壁面积占比增加,劳务分包计算工程量时按抹灰面积计算,所以按定额计算规则计算的工程量要比实际计算的工程量小。

第13章　金属结构制作

 196. 门式钢结构的主框架可以套用钢屋架定额子目吗?

解答:钢屋架是组合构件受力的,门式钢结构是柱竖向受力的,因此不能认定是钢屋架。屋架是水平构件,从受力情况分析门式钢结构不是钢屋架,不应套用钢屋架定额子目。

 197. 什么是型钢檩条?什么是组合型钢檩条?两者有什么区别?

解答:型钢檩条通常是型钢,常见的有 C 型钢、Z 型钢、L 型钢。组合型钢檩条是组合焊接而成的檩条,常见的为格构型焊接檩条。两者的区别是型钢和焊接工艺不同。

 198. 预算定额中压型钢板楼板的厚度是按波高计算吗?

解答:按照楼板厚度计算,不计算波内的混凝土厚度。板厚度不包括凸出厚度,因为该定额子目中混凝土含量明显超出其他构件含量。例如 120mm 厚的现浇混凝土楼板,预算定额中的混凝土含量为 1.0150,而 120mm 厚压型钢板楼板定额子目中的混凝土含量远远超出了现浇混凝土楼板的含量,通过混凝土含量就可以证明压型钢板楼板的厚度不计算波高。

 199. 龙门式钢屋架是不是钢桁架?

解答:钢桁架是指用钢材制造的桁架,工业与民用建筑的屋盖结构、吊车梁、桥梁和水工闸门等,常用钢桁架作为主要承重构件。龙门式钢屋架不能套用钢桁架定额子目。

 200. 钢屋架与轻钢屋架有什么区别?

解答:屋面水平投影面积的屋架钢材重量在 20kg/m² 以内者为轻型钢屋架,以外者为普通钢屋架。这个区分原则在预算定额解释中是有注明的,其他地区预算定额没有此解释时,可参考此条内容。

201. 钢屋架安装是现场拼装还是工厂拼装运输?

解答: 大型钢构件根据制作安装需要,结合场地情况确定是否需要在现场拼装。在施工组织设计中和投标报价中应写明安装方式,或者实际施工采用哪种方式就按哪种方式进行结算。

 202. 每吨钢结构需要刷漆多少平方米?

解答: 主结构钢架刷漆约 $24m^2/t$,次结构刷漆约 $48m^2/t$。可以利用计算公式推导出理论面积,即 $[24/2(面)] \times 0.011(钢板厚) \times 7.85(钢材密度)t = 1.0362t \approx 1t$。

 203. 钢结构螺栓10.9级是什么意思? 为什么要单独计算?

解答: 钢结构螺栓10.9级是指螺栓材质公称抗拉强度1000MPa级,材质的屈服比值为0.9。预算定额中普通螺栓包括在钢构件子目内,10.9级螺栓为高强度螺栓,是单独计算的。

204. 钢柱、钢梁的安装定额子目中已有主材,是否还需要套用制作的定额子目?

解答: 钢柱、钢梁的制作定额子目是针对板材的制作,安装定额子目是指型钢或制作好的构件安装就位。在实际情况中,主材如采用型钢的价格就不能再套用制作定额子目。

 205. 哪些钢构件需套用探伤定额子目?

解答: 有焊接的构件并且是承重构件需要套用探伤定额子目,如拼装的钢柱、钢梁、钢架等,探伤是排除安装时焊接接缝质量缺陷的工序。

206. 预算定额中找不到卷扬机对应的定额子目，应该怎么套用定额？

解答： 价值在 2000 元以内，不构成固定资产的机械，卷扬机使用费属于工具用具使用费，在定额的企业管理费中包括，其消耗的燃料动力等已经包括在材料费中。

207. 清单报价中套用的定额是 400 型塔式起重机，现场实际使用的是 600 型塔式起重机，是否可以调整？

解答： 此变化是措施变更，应按工程变更进行结算。需要证明施工现场实际使用的是 600 型的塔式起重机，然后报送监理工程师和建设方人员确认，在结算时合并在工程变更中处理。

208. 物料提升机除了垂直运输费外，基础、安拆、场外运输怎么套用定额？

解答： 垂直运输是按照人工费为基础计算费用的，与使用的机械无关系。物料提升机在预算定额中规定是措施设备，并不是大型机械，所以基础、安拆、场外运输不需要套用定额子目。

 209. 二次装修的垂直运输如果利用建设方提供的电梯如何计算？

解答： 利用建设方提供的电梯可以扣除垂直运输机械租赁费用。考虑垂直运输人工消耗变化情况，编制施工方案的变更，进行人工消耗量的调整。

 210. 房建项目指标含多少塔式起重机和施工电梯费用？

解答： 项目使用的塔式起重机和施工电梯，摊销成本测算方式可分为企业自有和租赁。企业自有按照机械设备折旧费用进行测算，租赁根据市场情况进行分析。因每个企业不同每个项目特性不同，测算的数据也不相同。

塔式起重机和施工电梯在成本测算中要摊销到建筑面积中，求出测算指标数据。首先要求出项目使用的机械数量，然后求出摊销的价格，最后求出指标数据。机械数量要根据施工组织设计中考虑的数量进行测算，企业自有机械可以按购买原价计算出机械折旧的摊销，企业采用租赁机械的方式根据地区市场价格行情考虑成本。

（1）塔式起重机和施工电梯机械的使用数量。塔式起重机和施工电梯的数量可以在施工组织设计中找到，一般会标明平面布置情况。在没有详细标明的情况下，可以在总平面图上画出来，对塔式起重机作业半径做圆形的场布。

总平面布置应由技术总工程师或项目经理确定，商务或成本部门参与成本分析，造价影响只考虑成本即可。根据施工现场经验分析成本，高层住宅需要考虑总工期对成本的影响，两栋或三栋楼合用一台塔式起重机会影响到工期，应在投入成本与工期之间进行平衡；多层住宅主要考虑覆盖面积，确定塔式起重机位置；工业厂房或公共建筑考虑塔式起重机的作业半径，选取的位置以人工水平运输距离最近的方案为佳。

例如天津某53栋多层洋房项目，总建筑面积73500m²，采用5台型号为QTZ80（ZJ5910）的塔式起重机，臂长55m。其中43#楼、79#楼不在塔式起重机臂距范围内，如图14-1所示，但是此布置方案是最大覆盖范围，增加塔式起重机数量要降低机械作业功效，考虑多层施工人工运输成本约3万元即可解决。

图14-1 天津某项目塔式起重机布置平面图

施工电梯配置要根据建筑特性进行分析，高层住宅每栋楼一台，多层住宅要考虑是否可以合用一台施工电梯（图14-2），有些地区不限制使用龙门架提升物料，在多层住宅中选择这样的机械也是较经济适用的。三层以内需要考虑结构形式，采用施工电梯不如人工倒运，因为在装饰装修时才用施工电梯，人工倒运方便且成本较低。有些地区的劳务分包班组采用翻斗机、上料车或汽车式起重机把主要材料吊运至楼层中，这样只考虑增加劳务费用就可以。

（2）塔式起重机和施工电梯机械的价格组成。施工塔式起重机一般是采用租赁形式，配备专业的驾驶员，在租金中包括塔式起重机驾驶员的费用，但也有些企业是自有机械设备。租赁形式测算时可按月租金进行摊销，企业自有形式要增加驾驶员、进出场运输等费用。

企业自有机械设备可以按照机械定额中使用年限确定折旧时间，把机械

图 14-2　两栋楼合用一台运输机械

设备购买费用、塔式起重机驾驶员费用、维修大修费用、进出场运输费用计入摊销就可以求出成本价格。

企业自有机械设备测算：

例如某企业在 2016 年购买 QTZ80 塔式起重机 5 台，每台购买价格 40 万元。塔式起重机驾驶员工资和保险每月折合 0.8 万元，进出场每台每次 1.6 万元，维修大修费用每月摊销 0.06 万元，求天津某 53 栋多层洋房项目每月使用塔式起重机费用。

表 14-1　全国统一施工机械台班费用定额机械折旧数据表

编号	机械名称	机型	规格型号		折旧年限/年
3-70	自升式塔式起重机	大	起重力矩/t·m	125	14
3-71	自升式塔式起重机	大	起重力矩/t·m	145	14
3-72	自升式塔式起重机	大	起重力矩/t·m	200	14
3-73	自升式塔式起重机	特	起重力矩/t·m	300	14
3-74	自升式塔式起重机	特	起重力矩/t·m	450	14
3-75	电动双梁起重机	中	起重量/t	5	10
3-76	电动双梁起重机	中	起重量/t	10	10

根据机械台班定额可知，塔式起重机折旧年限为 14 年（表 14-1），管理水平较高可以正常考虑。购买价格 40 万元/台，项目使用塔式起重机工期为 10 个月，回收废品折旧费 15

万元/台。

计算：$[(40-15)/(14\times12)+0.8+(1.6/10)+0.06]$万元/月 $=1.17$万元/月

(1.17×5)万元/月 $=5.9$万元/月

机械设备租赁方式测算：

例如某企业使用 QTZ80 塔式起重机 5 台，采用租赁方式与某租赁站签订合同。塔式起重机驾驶员工资和保险费用包含在租赁费用中，进出场按 1 个月租金计算，每月租金为 2.4 万元/台，项目计划使用工期为 10 个月，求天津某 53 栋多层洋房项目每月使用塔式起重机费用。

计算：$\{[(2.4\times(10+1)]/10\}$万元/月 $=2.64$万元/月

(2.64×5)万元/月 $=13.2$万元/月

施工电梯的测算成本与塔式起重机测算类似，差别是按照租赁方式计算，塔式起重机驾驶员工资和保险费用包括在施工方管理费用中。

（3）塔式起重机和施工电梯机械的指标数据。施工塔式起重机和施工电梯的指标数据根据项目进度不同，在数据库中数值也有变化。施工工期延长就会增加机械的使用成本，建筑面积摊销机械台班数量多也会增加成本价格。

例如天津某 53 栋多层洋房项目，总建筑面积 $73500m^2$，使用 5 台型号为 QTZ80（ZJ5910）塔式起重机，采用租赁方式，每月租金 2.4 万元/台，进出场按 1 个月租金计算，计划使用工期为 8 个月。使用 26 台施工电梯型号为 SCD200/200，采用租赁方式，每月租金 0.9 万元/台，进出场按 1 个月租金计算，计划使用工期为 5 个月。两栋洋房之间合用电梯节约成本。求该项目的施工塔式起重机和施工电梯测算成本价格。

施工塔式起重机：$2.4\times(8+1)\times5$万元 $=108$万元

施工电梯：$0.9\times(5+1)\times26$万元 $=140.4$万元

测算成本价格：$(108$万元 $+140.4$万元$)/73500m^2=33.8$元/m^2

（4）总结分析。通过以上分析，企业自购机械设备成本要比租赁成本高，但是作为施工总承包企业要考虑建筑特性，如工业项目机械设备租赁时间较长，企业自购方式成本会降低很多。建议房地产项目使用租赁方式，成本价格较低。

测算成本价格时考虑企业特性和建筑特性。有些企业资金周转困难，建议采用租赁方式能降低企业运营风险，根据建筑特性选择比较符合市场运营模式，但是运营 10 年以上的建筑企业多数还是采用机械租赁方式，因为多数企业是从小规模发展起来的，折旧按 14 年计算投入成本太大，不符合企业运营条件。

第15章　建筑物超高增加

 211. 预算定额中的超高增加费用怎么计取?

解答: 超高增加费分为楼栋超高和楼层超高。楼栋超高是单体建筑超过20m时人工机械降效,预算定额列有超高定额子目,区分不同檐高计取费用。楼层超高要计取模板超高支撑和浇筑超高费用,还应计取满堂脚手架费用。

 212. 多层建筑首层高超过3.6m,需要套用哪些脚手架定额子目?

解答: 属于楼层超高,建筑工程专业内除套用综合脚手架外,还要套用满堂单项脚手架。砌筑工程和装饰抹灰工程需要另行套用相应的脚手架定额子目。

 213. 为什么计取垂直运输费用后还需要计取超高费用?

解答: 垂直运输是材料及施工人员向楼层运输的作业费用,超高是预算定额规定建筑檐高超过20m以后人工和机械的降效补偿增加费用。两者不重复,定额子目是独立计取费用的。

 214. 修缮工程中的装修材料,使用楼内电梯进行运输,超高降效费可以计取吗?

解答: 超高降效是相对值,预算定额编制是按6层楼高度考虑的,是以人工及机械的消耗量为基数,运输高度超出6层以后要增加人工和机械消耗量,预算定额采用降效这个定额子目增加费用。实际施工时使用楼内电梯,可以办理现场签证扣除使用费和用电费用。

215. 模板超高钢支撑是什么? 怎样计算?

解答: 模板超高钢支撑增加施工工序,楼层超过3.6m以后需要构件(墙、柱、梁、板)加强支撑措施,构件整体需要加固。预算定额中模板超高钢支撑是按照构件体积计算的,有些地区是按照构件超出体积计算,还有些地区是按照模板面积计算,各地区的预算定额说明

工程造价有问 必答

有所不同，可依据地区预算定额的计算规则确定。

 216. 超高增加费是否能独立构成清单项?

解答：不能。实体项目的超高人工、机械增加，仍属实体项目。施工技术措施项目的超高人工、机械增加，仍属施工技术措施。无论实体项目，还是措施项目，其超高施工增加都应该随同这个项目一起组成综合单价，而不能独立构成清单项。

第16章　给水排水采暖工程

 217. 工业建筑的管道支架是钢结构，此部位属于建筑专业还是安装专业?

解答:管道支架是钢结构，起支撑管道的作用，需要套用安装工程专业的定额子目。在定额子目材料用量表内查看"金属线桥或桁架、框架"，可以明确管道支架包括各类钢结构支架。

 218. 给水、冷凝水管压槽、留槽和剔槽费用是否计取?

解答:河南省预算定额第一章给排水管道第 5.3 条、第二章采暖管道、第三章空调水管道第 4.3 条:"管道安装项目中，除室内直埋塑料给水管项目中已包括管卡安装外，均不包括管道支架、管卡、托钩等制作安装以及管道穿墙、楼板套管制作安装、预留孔洞、堵洞、打洞、凿槽等工作内容，发生时，应按本册第十一章相应项目另行计算。砌体墙面剔槽及修补，套用第十册剔堵槽、沟子目。"

 219. 室外给水排水与室内给水排水怎样区分?

解答:预算定额说明中分为给水管道和排水管道。

（1）给水管道:室内外以建筑物外墙皮 1.5m 为界，入口外设阀门者以阀门为界;与市政管道界线以水表井为界，无水表井者，以与市政管道碰头点为界。

（2）排水管道:室内外以出户第一个排水检查井为界;室外管道与市政管道以室外管道与市政管道碰头井为界。

 220. 排水立管需要预留套管吗?

解答:排水立管采用塑料管时可以不设套管，采用铸铁管时根据设计要求设置，无要求可不设置套管。可参考《卫生设备安装工程》（05S1）图集，卫生间立管用刚性套管时，坐便器和洗面盆不需要刚性套管。

 221. 坡屋顶内的地暖盘管距墙边 1m，计算工程量时是按照实铺面积吗?

解答:施工时考虑坡屋顶的三角空间处楼层较低，采暖空间减少可以距墙边 1m，专业分包结算时可以考虑按实际铺设面积计算工程量。预算定额中是按地面面积计算工程量，此种情况在预算定额中已经综合考虑，不另增减工程量。

 222. 给水排水和采暖管道可以套用管道消毒冲洗定额子目吗?

解答: 给水管道可以套用管道消毒冲洗、压力试验定额子目，排水和采暖管道只套用压力试验定额子目，因为管道消毒冲洗是针对饮水管道，排水和采暖管道不需要消毒冲洗。

 223. 排水系统中的负压管道是什么?

解答: 负压管道的作用是制造压差，采用压力进行排水。比如虹吸式坐便器就是采用负压系统排水的，最常见的负压系统是虹吸雨水系统。负压管道在造价中无影响，预算定额中不考虑价格差异。

 224. 清单计价中给水排水管道清单项目是否包含穿墙的套管?

解答: 清单计价中给水排水管道清单项目不包含穿墙的套管。依据《通用安装工程工程量计算规范》（GB 50856—2013）中第 130 页："支架及其他，套管制作安装适用于穿基础、墙、楼板等部位的防水套管、填料套管、无填料套管及防火套管等，应分别列项。"

第17章 电气设备安装工程

 225. 预算定额中金属卷帘定额子目的工料机含量较少，卷帘箱可以另计费用吗?

解答: 卷帘箱是按面积计算的，不能另计费用，卷帘的电动机可以另行计算，定额子目中不包括电动机。定额子目中工料机含量较少，可以另行补充定额。

 226. 过路管涵是采用预埋方式还是路基施工完后重新开挖埋设?

解答: 在一般情况下，过路管涵采用预埋方式。要根据施工方案进行埋设，造价人员不用考虑施工作业的问题，根据现场实际情况可以让有关技术人员办理现场签证处理。

 227. 电梯门口包边是否包括在电梯安装工作范围内?

解答: 这需要看专业分包合同内容范围，在一般情况下，电梯安装特殊，门口包边必须与电梯门尺寸相对应，建设方为了施工简单，一般交给一家分包单位完成。

228. 输配电装置系统调试，如何计取?

解答: 河南省预算定额中第十七章电气设备调试工程工程量计算规则第14条："一般民用建筑电气工程中，配电室内带有调试元件的盘、箱、柜和带有调试元件的照明配电箱，应按照供电方式计算输配电设备系统调试数量。用户所用的配电箱供电不计算系统调试费。电量计量表一般是由供应单位经有关检验校验后进行安装，不计算调试费。"

处理意见如下:

(1) 多层住宅每栋楼计算1个"送配电装置系统调试1kV以下交流供电（综合)"。

(2) 带电梯小高层、高层住宅按一单元计入一个"送配电装置系统调试1kV以下交流供电（综合)"。

(3) 地库、商业按工程量计算规则计入。

(4) 接地网系统调试按每栋楼一个。所有调试费计取需依据调试报告及验收记录，并需监理工程师签字确认，否则结算时需要扣除。

其他处理意见如下:

（1）高层住宅每个单元计算1个"输配电装置系统调试≤1kV交流供电"。

（2）多层及小高层住宅每个单元计算0.5个"输配电装置系统调试≤1kV交流供电"。

（3）车库每个防火分区计算1个"输配电装置系统调试≤1kV交流供电"。所有调试内容均已包含在内。

建议车库每个防火分区计算1个，住宅商业网点不计算，商业按配电室内带调试元件的盘、箱、柜和带有调试元件的照明主配电箱的数量计算。

229. 航空障碍灯是套用投光灯定额子目还是烟囱、冷却塔、独立塔架上标志灯安装（安装高度≤30m）定额子目？

解答：应套用烟囱、冷却塔、独立塔架上标志灯安装（安装高度≤30m）定额子目。设备构件的价格按实际采购价格考虑，安装人工费不做修改。

230. 电缆在电井内桥架中竖直敷设时，执行室内敷设电力电缆定额子目还是竖井通道内敷设电缆定额子目？

解答：河南省预算定额章节说明第九章配电、输电电缆敷设工程第5.7条："竖井通道内敷设电缆定额适用于单段高度大于3.6m的竖井。在单段高度小于或等于3.6m的竖井内敷设电缆时，应执行室内敷设电力电缆相关定额。"一般住宅项目层高不超过3.6m，执行室内敷设电力电缆定额子目比较合适。

231. 排烟风管是套用镀锌薄钢板法兰风管制作、安装定额子目还是套用镀锌薄钢板共板法兰风管制作、安装定额子目？

解答：根据设计要求选用定额子目，按规范要求排烟风管需采用型钢法兰，则排烟风管套用镀锌薄钢板法兰风管制作、安装定额子目，送风、补风等风管套用镀锌薄钢板共板法兰风管制作、安装定额子目。

232. 试验检验费包含在预算定额的哪部分费用中？

解答：试验检验费包括在预算定额的材料费中。原材料需要出厂合格报告，然后按批次进场要抽检材料合格情况，如钢筋每次进场需要抽检。半成品材料要有出厂合格报告，安装完成后要进行试验，如门窗安装完成后要抽检。

 233. 怎样区分室外工程与市政工程这两个工程类别？

解答：室外工程可理解为小区配套工程，市政工程是属城市市政管理的。小区围墙以内的户外工程属于室外工程，若公路设计按照市政图集要求或做法的要套用市政工程定额。

 234. 什么是路缘石？什么是路侧石？

解答：路缘石，适用于路面边缘与路肩之间，人行道与路肩之间，或车行道与铺装步道边缘，具有保护路面边缘的作用，又称镶边石、平道牙。路侧石，是指安于路面两侧，区分人行道（慢车道）和车行道或者绿化带的附属物，一般高于路面，又称立缘石、立沿石、立道牙。

 235. 基础槽底降水井内填大粒径的石子要套用哪个定额子目？

解答：不应另套用定额子目。因为基础降水井定额子目中包括这些工序，属于措施费用。可以在集水井定额子目中找到石子的消耗量，由此可认为该项费用已包括在相应定额子目内。

 236. 淤泥和流沙怎么区分？

解答：淤泥是一种稀软状，不易成形的灰黑色、有臭味、含有半腐朽的植物遗体（占60％以上）、置于水中有动植物残体渣滓浮于水面，并常有气泡从水中冒出的泥土。流沙是指在坑内抽水时，坑底的土会成为流动状态，随地下水涌出，这种土无承载力，边挖边冒，无法挖深，强挖会掏空邻近地基。

237. 什么是沉井工程？一般在什么时候建设沉井？

解答：预制好井筒后，放在定好的位置然后在内部挖土，使筒体下沉，到设计标高后将井底封死，井盖浇筑混凝土。室外的下水井或市场的污水井一般使用沉井法，这样能减少挖土方量节省成本。

 238. 什么是大口井？什么是集水井？有什么区别？

解答：大口井是在开挖土方前打井降水，使用无砂管深入地下先进行排水然后再挖基础土方。集水井是在基础土方开挖完成后，将基础内的水汇集到一个井里然后排水。大口井和集水井的区别是排水方式不同，须根据水位情况决定选用井的类型。

 239. 为了环保检查，使用绿网地面覆盖可以办理现场签证吗？

解答：建委或质量监督站有地区的相关文明施工标准手册，预算定额标准是以这个为参考编制的。施工要求与手册配备不同时可增加费用，超出常规作业要求时要办理现场签证。若是清单计价，合同中已经注明这部分考虑在综合清单价格中，就不能再计取费用。

 240. 住宅高层泵送费应该套用汽车泵送还是地泵？

解答：根据施工组织设计确定泵送方式。在一般情况下，多层或小高层的项目采用汽车泵送混凝土，面积大、用量多或超高层的项目采用地泵方式。

 241. 钢筋为甲供材料，试验费是由建设方承担吗？

解答：甲供材料是甲方代采购供应，应该有出厂合格的试验报告。进入现场后的试验是抽样试验，属于施工过程中抽样检测的费用，定额中包括此部分费用，不应由建设方承担。

 242. 防暑降温补贴费和工程构件降温可以办理现场签证吗？

解答：防暑降温补贴费属于工人福利，包含在企业管理费用中。对特殊工程构件的降温要有专项方案另计取费用，如大体积混凝土要降温，用在工程实际中的降温措施可以办理现场签证。

 243. 变更及签证的综合单价在结算时能否按照投标优惠率结算？

解答：工程变更是合同内的，现场签证是合同外的。工程变更在结算时要按照投标优惠率结算，现场签证是按照合同约定进行结算，可参照投标时的人工、材料、机械进行组价。

244. 修缮定额里没有的拆除项目，类似拆除砂袋、块石等这种情况怎么计算？

解答：修缮定额里的拆除项目都是拆除实际工程的，砂袋、块石这些都是临时工程，因此没有相对应的定额子目。这种情况可以办理现场签证处理。

245. 塔式起重机直接立在满堂基础上，而清单报价中有塔式起重机基础，需要扣除吗？

解答：清单计价合同是单价包干，不能随意调整扣除。需要看施工方案中塔式起重机的位置，在投标时要考虑这项报价，没有施工方案变更就不应扣除。

246. 外檐门窗保护性拆除，怎样套用预算定额？

解答：门窗保护性拆除套用修缮定额，包括保护性拆除费用，还包括整理归类堆放下楼费用。修缮定额除混凝土砖石构件，其他构件都考虑了旧材料拆除要保持完整性的问题。

247. 措施费怎么定义？什么是措施费？

解答：简单理解措施费就是用在工程中未体现在施工图中的所需的设施措施所发生的费用。措施分为组织措施和技术措施。为组织施工的措施是组织措施，组织措施费一般按系数或综合考虑方法计算。技术措施是为施工提供技术支撑的措施，是可以计算工程量的措施。

248. 在工程结算时发现材料暂估价和清单中的材料价格相差较大，该如何处理？

解答：材料暂估价需要在施工过程中由甲乙双方共同确定此材料价格，采购时建设方必须参与确定价格。清单中的材料价格是相对固定的，合同约定调整时可按相关约定内容进行调整。

249. 合同约定措施费包干，基坑内的抽水可以办理现场签证吗？

解答：措施费包干包括施工图范围和约定范围，基坑降水是包括在合同中的，不能再办理现场签证。如果是基础处理再向下开挖的情况，可办理现场签证，降水费应另行计算。

250. 因工程变更引起现场拆除费用，应如何处理？

解答：工程变更引起的现场签证，如能证明现场实际情况发生的责任在建设方，则可计算费用。应注意下达工程变更的时间、已形成事实的部位，办理现场签证时要签认工程量，单价可以按工日计取。

251. 现场签证中的价格包括管理费和利润吗？

解答：需要看合同中约定现场签证的结算方式，现场签证是合同外部分不应计取管理费和利润。清单计价的合同，现场签证按填报的零星用工、材料、机械计算。

252. 合同约定钢材因市场价波动可以进行材料调差，脚手架钢管、扣件、组合钢模可以调差吗？

解答：合同约定材料调差是指用于工程中的材料，脚手架钢管、扣件、组合钢模这些是施工措施，不应进行材料调差。依据《建设工程工程量清单计价规范》（GB 50500—2013）第9.8.2条："超过部分的价格应按照本规范附录A的方法计算调整材料、工程设备费。"《建设工程工程量清单计价规范》（GB 50500—2013）附录A中："承包人提供主要材料和工程设备一览表。"从此规范中可以说明本约定是指工程材料。

253. 固定单价合同中地基强夯补填处理应考虑在综合单价中吗？

解答：以清单子目对应的工程做法为准，地基强夯补填处理是施工技术方案的地基处理，应按合同约定变更事项结算，需要重新组成综合单价。

254. 由于地基特殊，施工降水排水时临时采用管井抽水，可办理现场签证吗？

解答：这是现场施工条件变更或者是投标未考虑到的因素，不应再办理现场签证。建设方没有干扰现场变化，所发生的措施都包括在投标报价中。

255. "三通一平"中的场地平整，是否包含临时建筑用地的平整？

解答："三通一平"和场地平整是不同的，施工现场的"三通一平"的平是指施工现场平整达到施工条件，定额子目中的场地平整是土方开挖前施工定位作业的场地平整，按首层建筑面积计算，其平整范围仅指施工区域。临时建筑用地等的平整应由建设方完成，红线内的用地属于建设方管理。

256. 材料进场检验报告的有效期是多久？停工后又复工材料是否还需要做试验？

解答：材料合格证只是证明当前交货时间材料合格，原材料复试是证明使用时的材料合格，余留在现场的材料复工后要重新做原材料复试。因不可抗力发生的停工，复试材料试验费应由建设方承担。

257. 什么是安全专项施工方案和特殊分项工程施工方案？

解答：两者解释如下：

（1）安全专项施工方案。分部分项工程的施工应当在项目策划时列为有重大风险的危险源，并在施工前单独编制安全专项施工方案。例如基坑工程、模板工程及支撑体系、起重吊装工程及起重机械安装拆卸工程、脚手架工程、拆除工程、暗挖工程等。

（2）特殊分项工程施工方案。关键工序、特殊过程、地基处理分项工程、预制桩分项工程、厚度4m以上的回填土工程、最小构件厚度1.5m以上的大体积混凝土、地基异常情况下的塔式起重机基础工程及项目策划确定的难度大的分项工程应编制特殊分项工程施工方案。

258. 清单计量规范中有哪些零星项目？

解答：依据《房屋建筑与装饰工程工程量计算规范》（GB 50854—2013），零星项目如下：

（1）零星砌砖：框架外表面的镶贴砖、空斗墙的窗间墙、窗台下、楼板下、梁头下等的实砌部分。台阶、台阶挡墙、梯带、锅台、炉灶、蹲台、池槽、池槽腿、砖胎模、花台、花池、楼梯栏板、阳台栏板、地垄墙、≤0.3m² 的孔洞填塞等。

（2）混凝土其他构件：现浇混凝土小型池槽、垫块、门框等。预制钢筋混凝土小型池槽、压顶、扶手、垫块、隔热板、花格等。

（3）零星抹灰：墙、柱（梁）面≤0.5m² 的少量分散的抹灰。附墙烟囱、通风道、垃圾道的孔洞内需抹灰时，按零星抹灰。

（4）镶贴零星块料：墙、柱面≤0.5m² 的少量分散的镶贴块料面层。

（5）零星装饰项目：楼梯、台阶牵边和侧面镶贴块料面层，≤0.5m² 的少量分散的楼地面镶贴块料面层。

259. 工期延长会增加哪些费用？

解答：增加费用具体如下：

（1）人工费：人员窝工、遣散及返场、驻场保卫人员费用等。

（2）材料费：价格上涨风险。周转器材租赁费增加。

（3）机械费：降效、停滞台班。

（4）措施费：环保等费用。

（5）管理费：公司管理费及项目留守人员管理费。

（6）财务费：贷款利息、财务费用、保函延期等。

 260. 合同审核从商务角度应注意哪些要点？

解答：注意要点具体如下：

（1）工期：总工期和相应的奖罚机制。

（2）质量：目标要求与谈判是否一致。

（3）权利义务：看甲方代表、总监的权限，总包换人的罚则，总承包的施工范围内容。

（4）计价方式：计费方式及调整。如材料调价的原则和方法。

（5）工程款支付：方式和方法。

（6）工程结算：程序和相关规定。

（7）变更索赔程序：条件及调整方式。

（8）保修：范围、责任和相关规定。

 261. 降水排水工程结算时要注意哪些事项？

解答：注意事项具体如下：

（1）井台、底托、滤网：注意报价中是否包含。

（2）发电机：停电时使用，要找差价。

（3）水泵型号：设计如不明确，图纸会审时要确定。

（4）挡水台、排水沟、集水坑：砌筑的材质规格、抹灰的材质规格要明确。

（5）地下水具有承压性时处理：采取砂石袋反压，或加密布设盲沟、集水坑等措施费用。

（6）封井：一是封井的时间节点，要与结构设计说明一致；二是封井的做法，图纸应给出大样，否则要在图纸会审时明确。

（7）护栏：如果施工图中有，则按施工图进入结算。

 262. 清单工程量与预算定额工程量有什么区别？

解答：从本质理解，清单工程量考虑的是完成分项工程的"净量"，预算定额还考虑完成"净量"所需配合的工程量。例如挖土方工程，清单工程量是设计图示尺寸，而预算定额工程量除此之外还要考虑工作面和放坡的工作量。清单工程量和预算定额工程量的区别是计算规则不同，如果采用清单计价报价，投标报价时要考虑分项工程的所有工序，计入综合单价中。

 263. 总包服务费包含哪些内容?

解答: 包含内容具体如下:

（1）统一管理，施工现场的组织协调。

（2）负责给分包人提供施工用水、施工用电接口。

（3）审核分包人提交的施工方案、进度计划，对工程的质量、进度、安全文明实施管理。

（4）提供现有的通道、合理的作业及材料堆放空间，以及卫生设施。

（5）提供进场所需的标高、定位点、控制线等。

（6）提供现有的垂直运输机械、脚手架、临时设施。

（7）技术资料的收集、整理、装订、归档。

（8）审核各专业分包单位提报的现场签证、进度款申请等经济类资料。

 264. 签字盖章齐全的现场签证单，审计人员可以对其合理性进行质疑吗?

解答: 可以进行质疑。审计人员会对现场签证事件的合理性进行审查，不会因为已经签字确认而影响审计。例如现场签证单中写明地下室部位的混凝土中掺加抗裂剂，现场已经签字确认，但审计人员提出框架柱不用加抗裂剂，可以去掉此部分的工程量。这就是审计人员的质疑。

 265. 大型机械进出场费都包含哪些内容?

解答: 包含以下三项内容:

（1）底座基础：适用于塔式起重机、施工电梯等需设置基础的情况。包含基础制作与拆除。

（2）安装拆卸：安装与拆卸所需的人工、材料、机械和试运转，以及机械辅助设施的折旧、搭设、拆除等。

（3）场外运输：自停放地点运至施工现场或由一施工地点运至另一施工地点的运输、装卸、辅助材料等。

 266. 建筑物沉降观测、基坑监测属于建筑安装费吗?

解答: 不属于建筑安装费用，是工程建设其他费。这两项内容应由建设方委托有相关专业资质的单位进行测量。如果在施工过程中建设方要求施工方出具报告，可另行计算费用。

267. 地下暗室内作增加定额项指的是什么内容?

解答: 依据《山东省建筑工程消耗量定额》（SD 01—31—2016）："地下暗室内作增加定额项是指在没有自然光、自然通风的地下暗室内作施工时，需增加的照明或通风设施的安装、维护、拆除以及人工降效、机械降效等内容。以相应施工内容的人工降效系数表示，不独立成项。"有些地区的定额将其称为封闭作业照明费，地下暗室的增加费用在各地区有所不同，但是预算定额都会考虑此项内容。

 268. 工程变更是指设计变更吗?

解答: 工程变更是指合同工程实施过程中，由发包人提出或由承包人提出，经发包人批准的合同工程任何一项工作的增、减、取消或施工工艺、顺序、时间的改变；设计图纸的修改；施工条件的改变；招标工程量清单的错、漏从而引起合同条件的改变或工程量的增减变化。由此可以看出，工程变更包含设计变更。

 269. 土钉支护和喷锚支护有什么区别?

解答: 土钉支护是以较密排列的插筋作为土体主要补强手段，通过插筋锚体与土体和喷射混凝土面层共同工作，形成补强复合土体，达到边坡稳定的目的。

喷锚支护结构由锚杆、钢筋网、喷射混凝土面层和被加固土体等组成。锚杆的组成部分：锚杆（索）、自由段、锚固段、锚头、垫块、挡土结构。

 270. 级配砂石报价应注意哪些事项?

解答: 注意事项如下：

（1）设计为人工级配，还是天然级配。

（2）砂、石子比例各占多少，设计图纸与预算定额是否一致。

（3）是否存在桩间换填的情况，如存在则要增加人工、机械系数。局部换填还是整体换填。

（4）计算工程量时，要考虑如果需要局部换填，其换填宽度及放坡坡度。

271. 预算定额中预拌砂浆单位为立方米，工程造价信息中为吨，如何进行换算?

解答: 参考《商品砂浆生产与应用技术规程》的要求，预拌砂浆密度不低于 $1800kg/m^3$。

河南省预算定额规定："本定额中所使用的砂浆均按干混预拌砂浆编制，若实际使用现拌砂浆或湿拌预拌砂浆时，除将定额中的干混砂浆调换为现拌砂浆外，砌筑砂浆按每立方米砂浆增加：一般技工 0.382 工日、200L 灰浆搅拌机 1.67 台班，同时，扣除原定额中干混砂浆罐式搅拌机台班。其余定额按每立方米砂浆增加人工 0.382 工日，同时将原定额中干混砂浆罐式搅拌机调换为 200L 灰浆搅拌机，台班含量不变。"

272. 为什么地产项目总价包干比单价包干合适？

解答： 许多施工方认为，总价包干就是"锁死"工程量，结算时工程量增加，但费用不增加，而单价包干工程量可调整，结算时更"占便宜"。

总价包干需要考虑影响结算额的工程量、综合单价、工程变更、价款调整，其中综合单价、工程变更、价款调整这三项，总价合同与单价合同没有区别。总价合同与单价合同的区别在于工程计量，工程量由甲方提供，结算时按图纸计算工程量。若招标时施工单位已经核对了工程量，结算时工程量变化由施工方承担，结算时不再核对工程量。

非国有投资项目，特别是房地产项目，多采用非标清单计价，固定总价与清单计价的固定总价有很大差别。就当前房地产市场交易模式下讨论，总价包干比单价包干合适。

下面结合案例进行分析：

案例：某住宅项目采用单价合同结算的弊端。

某房地产住宅项目，为多层建筑，招标时采用模拟清单，项目建筑面积 18 万 m^2，合同价 3.5 亿元。施工图收到后进行清标，甲乙双方核对工程量，签订固定总价包干合同。其中，合同约定工程变更小于 5000 元结算时不计算；人工和材料价格变化不调整；措施项一次性包死，结算时在任何情况下都不进行调整。

合同约定，清标过程中由施工单位充分考虑报价，结算时漏项缺项提出修改意见，若没有修改意见，则视为施工单位已经包括在其他单项中。

最终成本核算分析得出以下结论：

（1）谈价议价环节的消耗量变化。建设方在招标时，感觉施工方报价较高，进行谈价议价后调整报价。钢筋分项是费用占比较大的项，建设方从人工、材料、机械综合单价分析表中得知，施工方报价钢筋清单项材料价填报 4023.82 元/t，通过市场价格调研，建设方得知钢筋市场价 3500 元/t，于是把此项列为重点谈判突破口。

建设方谈判人员要求施工单位解释钢筋分项的材料费组成，而施工单位回复："钢筋购买价格 3500 元/t，损耗率 8% 约折合 280 元/t，涨价风险 220 元/t，其他材料 20 元/t"。

建设方谈判人员查找预算定额后，发现钢筋损耗率为 2%～3%，以报价偏高超出正常消耗量为由要求施工方降低综合单价。施工方不肯让步，建设方以议标不通过手段，迫使施工方领导出面让步。

通过计算，钢筋项目总用量 9000t，降低 2% 报价损耗率，即 9000×2%×4023.82 万元≈72.43 万元。而其他填报较低消耗量的清单项建设方不予调整增加，这样实际是以挑报价毛病的方式降低总价。

（2）设计更调减施工单位亏损。在施工过程中，建设方下达设计变更单，室内墙面抹水泥砂浆由原 20mm 厚变更为 15mm 厚，项目整体建筑面积 180000m^2，墙面面积约 370000m^2，建设方以设计变更为由调减该项合同额的 25%，综合单价为 25.64 元/m²，计算为（370000 × 25.64 × 25%）万元 ≈ 237 万元。

在结算过程中，施工方认为："不应该扣减 237 万元，理由是报价表中室内墙面水泥砂浆综合单价 25.64 元/m² 本身就是亏损的，施工时抹灰班组分包单价是 22 元/m²，砂浆材料价格约 7 元/m²，完成后成本价格应该约 30 元/m²。而设计变更只是厚度变化，实际抹灰过程中抹灰厚度减少，分包价格并不减少，人工成本没有变化，所以，同比扣减合同额不合理。"

建设方委托造价咨询公司审计，造价咨询公司对此项设计变更没有计价依据，认为扣减 25% 的价格是依据消耗量同比增减原理。在施工方看来，抹 20mm 厚与抹 15mm 厚的水泥砂浆，基层处理的人工、材料是一样的，所以同比扣减不合理。但最终施工方拿不出结算依据，只能承认造价咨询公司的扣减办法。

（3）外墙涂料设计变更的影响。清单中外墙为真石漆，在外墙装修时设计变更为同颜色的弹涂涂料。设计变更下达到施工方以后，因为清单中没有对应的弹涂涂料价格，要现场双方议价，通过认质认价的方式确定。

经过两轮谈判以后，施工方申报弹涂涂料价格为 45 元/m²，而建设方要求涂料专业分包人报价为 32 元/m²，施工方对该报价不认可。

建设方以施工方虚报价格为由，将此项改变为甲指分包，列出总包服务费 2%，用专款专用的方式解决变更问题，以涂料专业分包人报价为 32 元/m²，再加 0.64 元/m² 的总包服务费，确定综合单价为 32.64 元/m²。

经过分析，原清单中外墙真石漆报价 84.81 元/m²，利润约 25%，设计变更后建设方给的总包服务费还不够外脚手架租赁费用，利润为零。外墙面积为 140000m²，按原清单报价计算利润为 21 元/m²，外墙面变更以后，实际项目利润减少约 294 万元。

（4）单价合同带来的风险分析。经过成本核算分析，谈价议价环节、内墙抹灰设计变更、外墙真石漆改为甲指分包，这三项总差价为 676 万元，约占总造价的 2%，项目在施工过程中材料涨价约 4%，项目整体处于亏损状态。

谈价议价环节、内墙抹灰设计变更、外墙真石漆改为甲指分包，这三项清单的明细报价有偏差，建设方根据报价漏洞对图纸进行优化。如果是采用总价包干，施工方把报价分析表隐藏在合约外，就降低了建设方图纸优化的风险。

（5）分析总结。在交易环境不同的情况下，总价包干和单价包干的解释也不同，合同拆分颗粒度越细，控制造价偏差越小，施工方利用颗粒度划分不清楚在施工过程中增加签证，而房地产项目建设方利用拆分颗粒度来控制成本，细化颗粒度减少施工方的结算价款。

通过分析以上四个问题可知，施工过程中总价合同容易因为一些变量出现问题。所以，总价合同不管是建设方提供工程量，还是施工方核对工程量，必须在确定合同价格时核实。特别是私营企业，投标时造价人员较少，容易忽略核实工程量的任务，导致工程结算时非常被动，可以在投标时委托第三方核实工程量，这样就能排除隐患，不然就有可能冒着巨大的风险，拖到工程结算时才发现因总价包干亏损，最后无法补救，只能承担损失。

对房地产项目采用模拟清单招标而言，报价拆分越细，施工方面临的风险就越大。总价包干与单价包干相比，总价包干拆分颗粒度较大，可降低建设方根据报价扣减工程款的风险。所以，工程结算时总价包干比单价包干更合适。

 273. 怎样编制企业定额才正确?

解答: 企业定额对外管理主要作用是投标报价，对内控制体系主要作用是标准化管理。假如取消定额后是不是应该用企业定额"填补"上去呢?

将地区定额修改一下能不能使用，还是非要由商务团队人员重新编写企业定额? 问题归根到底是怎样编写企业定额，企业定额的作用是否适合当前的管理模式。编写企业定额主要还要从适用性考虑。

观点如下:

(1) 必须招标的工程项目的适用性。国家发展改革委于 2018 年 3 月 27 日发布了第 16 号令《必须招标的工程项目规定》，其中包括"全部或者部分使用国有资金投资或者国家融资的项目"和"使用国际组织或者外国政府贷款、援助资金的项目"，也就是说国家基建项目必须进行招标。

当前必须招标的项目就要有招标控制价，如企业使用地区定额，采用综合评标法会失去很多报价优势，评标人会认为其采用不平衡报价，将其排除在中标人之外。失去中标机会的企业定额，是投标环节的一个弊端。

办理工程结算时，对工程变更的费用增减需要价格依据支撑，清单报价中没有适用的或类似清单项就要重组新清单，施工方参考企业定额报价，而对方审计需要参考造价相关依据，最终会因为参考依据双方无法达成共识，而无法解决工程变更的费用增减。

当采用企业定额报价的弊端大于优势的时候，继续延用地区定额就是更好的办法。

(2) 非必须招标的工程项目的适用性。除必须招标的项目外，建筑市场上房地产项目也占有很大的市场份额，多数房地产企业招标采用的是港式清单或非标清单，施工方不管是采用地区定额还是企业定额填报价格，建设方都可以接受，但是投标报价时会有议标环节。

在议标环节报价越细弊端越多，采用企业定额时，建设方会说施工方的企业定额消耗超出了地区定额平均水平，超出地区定额平均水平的报价会被认为报价太高，议价时高于地区定额的报价将被降低，低于地区定额的报价是施工方自行报价，提高的可能性不大。那么采用企业定额报价就是被动性报价，建设方只盯着施工方报价的"漏洞"不听其解释。

总价合同包死就像施工方拿到一个"蛋糕"，工程结算时还是这个"蛋糕"，碰到工程变更多出一块或减少一块，最终把这块"蛋糕"的费用计算出来就可以。但是报价时建设方要让施工方把这个"蛋糕"切成小块，让施工方说说哪块多与哪块少，施工方切大了建设方要砍掉，切小了是施工方切的原因，责任归施工方。所以，施工方把"蛋糕"块数切得越多、切得越小，问题和弊端就越多。

在工程结算时，房地产项目从工程变更角度来说，只有优化图纸的概念，基本没有变更增项的，拿企业定额来对外结算建设方是不认可的，但是建设方对施工方企业定额报的价格是随意解释的，比如报价 200mm 厚砌体墙 750 元/m³，施工时变更为 150mm 厚砌体墙，建设方认为 150mm 厚砌体墙价格是 650 元/m³，施工方认为 150mm 厚砌体墙价格是 950 元/m³，施工方的依据就是企业定额，而建设方认为施工方编制的企业定额不符合实际情况。

所以，非必须招标的工程项目报价越细施工方暴露的弊端越多，企业定额的划分细度也正是建设方降低工程造价的一个工具。

（3）企业定额对内控制体系的适用性分析。预算定额是由人工、材料、机械组成的，而企业管理模式是分包和专业分包，是以专业划分的，这样两个口径不能对应，管理也会产生很大麻烦。

比如班组分包模板工程的管理，分包人报价是按照建筑市场价格考虑，而采用企业定额就要用定额的人工费、管理费以及规费相加求出分包价格。因为定额是人工费形式的企业用工，而班组分包是劳务性质，班组分包是包括管理费、规费、辅材、风险等因素的，所以，对比时就要口径转换，操作起来比较麻烦。

班组分包人会服从定额套出来的价格与市场价格对比这种方式吗？市场价格是通过市场竞争得来的，班组分包人不需要了解预算定额的组价方式。所以，企业定额对内控制体系只是一个"摆设"，不符合当前企业的管理模式。

采用分包合同价格分析表控制分包更为方便，见表18-1。例如项目工期短，采用两个班组在一个部位作业着急抢工期的情况下，其中一个班组完成了模板拆除工作，那么在分包结算时从9元/m²中谈判扣减原模板安装分包人的费用，分包谈判在接近合理的基础上，解决更有优势。若是采用企业定额处理，支拆模板用工是没有区分的，仅人工费部分就要发生争议，处理起来更为麻烦。

表18-1 高层住宅模板班组分包合同价格分析表

序号	分项名称	工作内容	单位	单价/元
1	拼模、安装	制作拼接、材料刨光、安装就位、骨架支撑安装、板面清理刷隔离剂、校正板面、螺栓安放、预埋筋的定位、打眼钻孔、吊模及设备墩的支撑制作安装、粘胶带海棉条、定位弹线、领料、看模、配合其他班组作业、迎接上级检查用工、互检自检、场内运输、搭设临时架、铺垫夯实软着力点、作业棚搭设（作业棚配合人工）、操作场地平整、解捆卸车、配合吊运等与模板工程有关的工作	m²	22
2	模板拆除	模板拆除、剔凿胀模、周转运输、清理垃圾、后浇带清理、预留洞尺寸校正、整理拔钉、穿墙螺杆拔出、止水螺栓杆切割回收、归堆到地面清点统计、修补缺陷、废料分拣归堆、穿墙螺杆孔洞压浆填塞等与模板拆除后有关的工作	m²	9
3	零星材料+机械+其他材料	钢钉、钢丝、墨线、胶带、脱模剂机油、圆锯、电焊机、手持工具、人力小车、防护措施等	m²	1.5
4	管理费		m²	1
5	利润		m²	6
合计			m²	39.5

（4）装饰装修工程使用企业定额的分析。装饰装修工程，地区定额的划分不符合市场交易方式。企业编制出来的定额适应市场交易模式，而地区定额没有适用于内部控制管理的工具。

房地产项目给出的装饰清单计量单位划分是以专业分包界定的，依据市场上的估价方式进行计量。如grc装饰墙，凸出的线条按延长米计算，多边形按边界长乘宽以面积计算，较宽的线条按展开面积计算。这样的办法既适用于对外报价，又适用于企业分包管理。

例如装饰工程中的抹灰厚度，地区定额是根据标准厚度计算，然后再套用一个每增减定额子目组成，然而实际施工过程中的分包价格没有太大变化，20mm厚抹水泥砂浆和15mm厚抹水泥砂浆工人作业价格都相同，企业编制定额时一般按照劳务分包口径，相对项目管理来说有很大优势。

（5）分析总结。通过以上案例，在不同业态下分析定额工具的利弊，从成本管理角度考虑有助于企业的总体管理，适合企业管理的定额才会对企业有帮助，如果只是追求效率盲目改革，花大量精力编写出无用的"工具"将会是一个"摆设"，还有可能带偏管理方向。

在当前条件下，编制企业定额是一个伪命题，编制出一套企业内控工具应对外部报价变化是正确的管理思路。将总报价金额成本测算出来，不管怎么分解到建设方给出的表格中都是可行的，清单计价、非标清单、港式清单都是分解总报价金额，确保结算总价不变才是有效的管理手段。

 274. 招标使用模拟清单有哪些潜规则？

解答： 模拟清单与传统清单相比，增加了重计量这一环节，看似简单，但实际却陷阱重重，稍不留神便会中招。

由于投标人对传统的计算规则有了习惯性的思维定式，因而防范更加困难，对投标人的综合能力提出了更高的要求。

（1）模糊规则。许多招标文件重计量的计算规则采用招标人企业定额规则，其计算规则特点：规则不全、前提不明、可作多种解释，双方产生争议以后，就类似于"本活动最终解释权归举办方所有"，施工方的权利会被损害。

案例：地暖按地面面积计算。

地暖重计量审核时，建设方不按套内地面净面积计算，而是按地暖盘管最外侧管的外皮尺寸计算面积，将墙面至第一根管子间的工程量扣除。理由是墙面至第一根管子之间的面积不属于地暖面积。卫生间还要扣除坐便器所占的面积，理由是坐便器范围没有地暖管。

造价人员计算地暖面积的习惯是按套内净面积，但是由于建设方采用了非预算定额规则，只能让双方协商，解释权最终还在建设方。

（2）双重标准。建设方与施工方约定的计算规则：砌筑工程扣除门窗洞口、过人洞、空圈等所占的体积，凸出砖墙面的窗台虎头砖，三皮砖以下挑檐和腰线等体积亦不增加。

双方约定的计算规则与预算定额计算规则几乎无任何差异，但是计算规划中没有明确是按图示尺寸还是按施工尺寸，重计量审核时，洞口的扣除不按平面图、门窗表中的0.9m×2.2m尺寸，而是按0.9m×2.31m扣除。理由是门洞下口没有砖墙，所以需按施工尺寸扣除地暖层、面层所占的厚度。

然而，在计算外墙保温抹灰面积时，却不按实际施工尺寸，依然以图纸尺寸扣除洞口面积。

例如：外窗规格为1.8m×1.4m，窗侧壁30mm厚保温砂浆抹灰后，实际施工尺寸约为1.74m×1.34m。

（3）合同约定解释权归建设方所有。招标文件中写明：本次招标仅对混凝土、钢筋、砌体、电线电缆、钢管（焊接钢管、镀锌钢管、无缝钢管）五项主材进行调价。

案例：砌筑墙体。

砌体是由砖与砂浆组成的合体，砂浆是砌体的一部分，所以组成砂浆的水泥、黄砂、石灰甚至水也应该调价。然而调价时，建设方只对砖、砌块进行调价，水泥、黄砂、石灰不予调整。理由：水泥、黄砂、石灰不是砌体。

（4）分析总结。经重计量后显示的数据分析，上述计算规则影响的造价占总价的1.5%以上。如果投标人员的综合技术能力强，有些计算规则陷阱是可预防的。

模拟清单最重要的一点，也是最难的一点，就是成本的预测、预估。尤其是在模拟清单没有施工图或只提供了数张方案图的情况下，对于这类工程项目，应按模拟清单的描述，根据自身实际，结合当地的习惯、市场行情等，并对照数据库中的技术经济指标数据，然后再进行报价。不仅要用微观的视角审视，还要用宏观的眼光去判断。微观上把不利因素尽可能考虑周全，宏观上进行综合评估、控制。

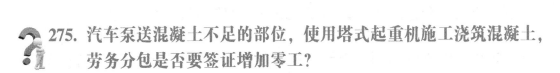

第19章 劳务分包管理

275. 汽车泵送混凝土不足的部位,使用塔式起重机施工浇筑混凝土,劳务分包是否要签证增加零工?

解答: 如果这是劳务合同注明的工作范围,在劳务分包报价时已经考虑了这些作业,就不应增加零工。如果在合同中没有注明,在报价时也没有谈判,分包结算时应该按实际发生增加费用。

276. 劳务分包计算面积时,坡顶阁楼按 层计算合理吗?

解答: 造价人员要根据建筑面积计算规范给劳务分包结算。在实际施工过程中,劳务分包根据高层建筑的市场价格报价,多层建筑的基础和坡顶阁楼均摊在建筑面积中含量比较高,所以要增加一层面积来平衡价格。

277. 劳务分包结算时,面层计算时是否要扣除 $0.3m^2$ 以内的柱、垛、附墙烟囱及孔洞所占面积?

解答: 需要了解预算定额计算规则和劳务分包合同计算规则,按合同约定进行结算。在一般情况下,劳务分包合同是按照实际作业工程量计算的,应扣除 $0.3m^2$ 以内的柱、垛、附墙烟囱及孔洞所占面积。

278. 混凝土灌注桩采用专业分包,需考虑哪些因素?

解答: 需考虑的因素包括电费、主材、临时用电线路布设、淤泥外运处置、是否含税、充盈系数限定、付款条件、是否分段施工、Ⅱ类桩以下数量限定等。这些都直接影响分包价格。

279. 土方工程采用专业分包,需要考虑哪些因素?

解答: 需考虑的因素如下:

（1）配合基坑支护单位进行放坡。

（2）对集水坑、电梯井等细部开挖处理。

（3）降水井、配电箱、电缆及排水管道的维护及破坏维修处理等。

（4）土方外运消纳处置。

（5）使用雾炮、洒水车等降尘。对出入车辆进行冲洗、路面冲刷。

（6）是否有场区堆放即场内倒运情况而单独确定价格。

 ## 280. 模板工分包班组签证零工 500 元/天的价格是否合理？

解答： 造价人员站在施工成本管理角度考虑，将签证的零星用工单价与中标价格的单价进行对比，从直观数字看，500 元/天的价格较高，但合情合理地考虑市场价格，人工单价成本并不高。

中标价格的单价多数是采用预算定额进行组价，签证零工价格是以劳务价格为基础，预算定额中的人工单价是企业自己雇用工人的工资价格，班组分包工人按包工计价方式结算工资，最终要对完成工程量的总价进行对比才可以看出签证零工单价是否合理。

可以通过某项目木工分包班组 1000m² 的模板消耗案例来进一步分析。

（1）总价对比方式。2020 年承建的某住宅项目模板工程采用分包班组方式，分包单价综合分析为：39 元/m²，其中零星材料、工具机械、其他材料 1.5 元/m²，利润 6 元/m² 占约总价的 15%，管理费 1 元/m²，计算分包价格为 30.5 元/m²。

按照 1000m² 的模板工程量计算应为：30.5×1000＝30500（元）。

2016 年河南省预算定额中基价人工费为 2656.92 元/100m²，按照 1000m² 的模板工程量计算应为：2656.92×10 元≈26569 元。

由此对比，分包班组的 30500 元与预算定额中的 26569 元相差 3931 元，如果把预算定额的基价替换为 2020 年工程造价信息中的人工费单价，会超过分包班组价格。所以，从总价对比来看，分包班组的人工价格并不高。

分包班组方式节约了企业管理费用，因此要按照人工价格 30.5 元/m² 计算。

（2）用工消耗对比方式。预算定额用工消耗与分包用工消耗相对比，能体现出模板工作业效率，工人劳动强度增加，就要增加工资，这样对比可以求证单价的参考性。

参照 2016 年河南省预算定额，其中的有梁板用工消耗为 20.98 工日/100m²，短肢剪力墙用工消耗为 20.88 工日/100m²，住宅项目主体结构工程量较大的模板构件是有梁板和短肢剪力墙，可以进行加权平均计算［（20.98＋20.88）/2］工日/100m²＝20.93 工日/100m²，按照 1000m² 的模板工程量计算应该为 209.3 工日。

模板分包班组作业量可按市场劳动量求出 8.4m²/工日，按照 1000m² 的模板工程量计算应为（1000/8.4）工日＝119.05 工日。

由此对比，分包班组的 119.05 工日与预算定额中的 209.3 工日相比，效率是其的 1.76 倍，每日作业量大于预算定额，工资单价也应同比增长。

通过以上分析，分包班组的人工工资应该在预算定额价格基础上乘以系数 1.76。

（3）总包费用对比方式。分包班组方式是劳务用工，需要劳务公司给工人缴纳五险一金，而预算定额中是企业用工，需要施工方为工人缴纳五险一金，参考天津市预算定额规费系数，人工费的44.21%为规费，即定额人工费乘以系数0.4421为五险一金的费用。

为农民工缴纳的五险一金应该计算到工资中，预算定额中企业用工的工资是按年薪或月薪，工人是有休息日的，工资按365天计算，而农民工工作时间每年只有280天，与预算定额中企业用工对比还应该增加30%的工资。

（4）签证零星用工价格分析。分包班组签证的工资单价应该增加规费，若是签证按照正常包工方式的作业量，还应该乘以系数1.76。参考天津市工程造价信息中的二类工单价161.03元/工日，班组工资单价应该计算为：161.03 × (1 + 44.21%) × 1.76元/工日 = 408.71元/工日。

因为签证是按天计算的，年出勤280天，签证每工日还应增加30%的工资，计算为408.71 × (1 + 30%)元/天 = 531.32元/天。

许多项目管理水平差，零星用工作业没有任务量，因此工人就会减少工作量，这些工人是分包人借给企业的，分包人也不会管理工人的工作效率问题，这样就会导致项目零星用工的亏损。

签证零星用工要注明工程量的制约办法，实际责任追到项目部门，项目经理会把责任推到分包班组，而分包班组会换作估价的方式完成。如模板班组支拆小设备模板，合同中没有单价，项目经理要求分包完成此项工作，分包人就会采用提高报价的方式来解决零星用工的损失问题。

如模板班组支拆小设备模板正常承包价格40元/m²，分包人会按照80元/m²进行报价，要求项目经理签认单价。项目部苦于没有参考价格，而短时间内又招不到临时工人，只能签认分包提出的价格。

一些标杆企业采用双向制约签证零星用工的方式，项目若是按照工日签证，必须符合企业规定的工作量；若是按照计价方式，就要按照合同约定的零星用工计价规则计算，在分包合同中注明此办法。这样的管理办法，工人工作效率低的责任就会由分包人和项目部共同管理，可以降低损失。

（5）分析总结。模板工班组分包签证零星用工500元/天的价格，通过以上分析得知是不会亏损的。预算定额中的人工单价要考虑增加规费、作业效率、上班时间差等情况，测算推导出531.32元/天的单价也是建筑市场行情，单价并不是太高。

但是，项目管理不到位，工人降低工作效率而分包人又不参与管理，损失就很大。许多企业管理不到位，项目部随意签证零星用工，结算时零星用工签证超过分包合同额的5%，导致项目处于失控状态。

采用总价对比方式市场分包价与预算定额中分析价两者价格基本相同，采用签证形式后导致亏损，亏损的源头在企业管理，所以，从分包签证入手，加强成本管理力度才能规避项目损失。

第20章 现场文明施工答疑解析

 281. 利用既有小区围墙，在结算时应扣除文明施工费用中的临时围挡吗？

解答：预算定额是按照常规施工考虑的，组织措施增加或减少属于施工现场条件变化，如果合同中有约定可以扣除相应的费用。房地产项目需要查看投标报价中的组成，如果报价中没有单列临时围挡费用，可视为合同中未包括此项，在结算时不应扣除。

 282. 施工现场工人用的铁锹、安全帽包含在预算定额的哪部分费用中？

解答：施工现场工人用的铁锹属于工具用具使用费，包含在定额子目中的人工费中。安全帽包含在预算定额的安全文明施工费用中。

 283. 现场开工条件不足，购买桶装饮用水、采用发电机发电可以办理现场签证吗？

解答："三通一平"是建设方应该提供的，施工条件未达到建设方就让进场，施工方是可以办理现场签证的。如施工现场没有水源，施工方应提供购买桶装饮用水的发票为结算依据。发电机发电可让建设方确认工作天数以及租赁价格，结算时增加此费用，但应扣除完成工程量的预算定额中所含的用电费用。

 284. 地下室内的材料水平运输，能不能计取二次搬运费？

解答：二次搬运费是指因场地狭小而发生的二次搬运所产生的费用，地下室内的材料运输是建筑物内的正常运输，不应再计算运输费用。定额子目中包括水平运输，是综合考虑了此项费用的。

 285. 脚手架上的密目网如何套用定额？

解答：在安全文明施工费中包括此项内容，不用另行套用定额。安全文明施工要求必须有外围护的措施，还包括白色的安全网，均包含在安全文明施工费中。

286. 楼梯间搭设的防护架应套用哪个定额子目？

解答： 楼梯间搭设的防护架包括在安全文明施工费中，不应另行计算。洞口临边防护措施属于安全文明施工要求，有些项目还要求对防护设施刷油漆，需要达到文明施工工地标准的要求。

 287. 铺设的临时道路后期拆除费用包含在安全文明施工费中吗？

解答： 工完料尽场地清，这是施工方要做的事情，地表的临时建筑必须清理干净。临时道路拆除属于清理场地的事项，包括在安全文明施工费中。

 288. 安全文明施工费是按单栋计取还是按整个项目计取？

解答： 安全文明施工费计算基数是在确定工程类别以后，再乘以系数。工程类别有些地区预算定额是按照建筑面积、檐高、跨度做类别区分，这里的建筑面积是指单体建筑面积。所以，按单栋计取费用和按整体计取费用对最终计算结果没有影响。

 289. 在红线外和施工现场覆盖密目网，是否可以计算费用？

解答： 施工现场覆盖密目网是文明施工费用中的事项，文明施工范围是指施工围墙以内，施工现场不能另行计算费用，红线外的事项要办理现场签证。

如果施工现场因其他原因多次揭盖需要办理现场签证，正常覆盖密目网是包括在文明施工费用中的。

 290. 施工现场治理扬尘购买雾炮机需要办理现场签证吗？

解答： 文明施工工地标准是由地区建设委员会和质检站管理的，工地文明施工验收依据地区发布的文明施工规范标准，雾炮机应包括在安全文明施工费用中。合同双方考虑的是正常作业条件下的文明施工措施，如果招标时无要求，之后有关部门下发文件要求增加雾炮机，可认为是不可抗力政策变化因素。

 291. 施工围挡上部带喷水的防止扬尘措施，是否包括在安全文明施工费用中？

解答： 地区预算定额是依据监督部门发布的地区文明施工标准计算出来的。带喷水的防止扬尘措施是新政策出台后项目部所做的相应措施，不包括在预算定额中。安全文明施工费是依据预算定额计算的费用，所以此项费用不包括在安全文明施工费用中。

292. 现场签证中的公路洒水车洒水作业，可以另行计取费用吗?

解答: 公路洒水分为现场内和现场外两种情况，现场内的洒水包括在文明施工中不应另行计取费用。现场外洒水一般情况都是因场内的扬尘引起的，为了不污染场外环境所做的措施，不应另行计取费用。

293. 生活区的临时用水、临时用电包含在预算定额的哪项费用中?

解答: 包含在预算定额中的安全文明施工费中。生活区的临时用水、临时用电包含在临时设施中，是工人生活的消耗材料，不应单独计取费用。

294. 塔式起重机基础钢筋属于措施钢筋吗?

解答: 塔式起重机基础是在安全文明施工费用中计取的，所用钢筋是为大型机械做基础的钢筋，不属于措施钢筋，措施钢筋是指为所交付工程内发生的措施所使用的钢筋。

295. 建筑垃圾装车及外运是否属于安全文明施工费?

解答: 不属于安全文明施工费。依据《房屋建筑与装饰工程工程量计算规范》（GB 50854—2013）中对安全文明施工费的描述："环境保护包含生活垃圾清理外运。"没有注明建筑垃圾外运。《青岛市结算汇编》中明确了建筑垃圾外运的市场指导价格。

根据《国务院对确需保留的行政审批项目设定行政许可的决定》（国务院第412号令）第101项，城市建筑垃圾处置需要专业资质单位去完成，建筑单位在办理施工许可证前就已经缴纳此费用，不包括在工程定额内。因此，建筑垃圾装车及外运不属于安全文明施工费，合同另行约定者除外。

第21章 法律法规、其他问题争议解析

 296. 措施费包干的工程合同约定时应注意哪些事项？

解答： 注意事项如下：

(1) 清单中施工内容没有表达的。

(2) 实体项目增减导致措施工作量增减的。

(3) 计费基数的变化引起措施费变化的。

 297. 建筑面积包干项目需要注意哪些内容？

解答： 需要注意建筑面积的计算规则。建筑面积计算规则在市场交易中有以下几种，具体分为：

(1)《建筑工程建筑面积计算规范》(GB/T 50353—2013)。

(2) 各地区的预算定额中所附的计算规则。

(3) 地方的习惯性默认规定。

(4) 招标文件所附的市场化计算规则。

 298. 开工以后建设方下发的管理规定超出合同约定怎么处理？

解答： 签订施工合同，开工以后建设方下发内部管理条例、规定、规范之类的文件，其中有些条款超出合同、招标文件的要求，这等于是单方增加合同附加条件。这种单方的规定，无法预估、判断。超出合同的部分，必须以合同为准或重新约定。

 299. 工程用水电费建设方代缴代扣的应注意些什么？

解答： 工程用水电费采用建设方代缴代扣方式，经常出现以下三个问题：

(1) 有些建设方代收的单价高于供水、供电部门的单价。

(2) 增加用水用电损耗率。

(3) 因由建设方代缴，施工方无法取得进项税发票，也就无法抵减自己的销项税。

对上述可能出现的问题，要提前预控，注意做好具体的约定，并在施工过程中解决。

300. 甲供材料是否要进入工程结算中?

解答: 甲供材料一般是指发包方直接与供应商签订采购合同并付款,供应商向发包方开具增值税发票,发包方将材料交给施工企业进行施工的情况。而增值税是一种价外税,仅对其增值部分进行征税,所以工程结算时甲供材料可以不计入工程造价。

参考《关于全面推开营业税改征增值税试点的通知》(财税〔2016〕36 号)的规定,从开具发票增值税方的角度规定对外开具发票原则为"三流合一"。

如果进入工程结算,施工单位并没有和供应商签订合同,不符合"营改增"政策,所以甲供材料不应该进入工程结算中。

 301. 定额内的复合模板周转次数是几次?

解答: 定额内的各个构件周转次数都不相同。可以参考 2016 年《河南省房屋建筑与装饰工程预算定额》第 243 页,有梁板、短肢剪力墙、直形墙、平板、矩形柱等多种构件,定额子目每 100m² 消耗量为 24.675m² 复合模板,可以计算求出 100/24.675≈4(次)。

在主体结构中,墙、梁、板、柱、基础的模板占比较大,由此可知,定额是考虑了 4 次周转。

 302. 不平衡报价都有哪些? 施工方怎么获得不平衡报价带来的利润?

解答: 常见不平衡报价方法可分为四类:专业不平衡报价策略、清单子目不平衡报价策略、工料机不平衡报价策略、措施项不平衡报价策略。

(1)专业不平衡报价的目的是在前期通过建设方支付工程款先得到资金,减少施工前期资金投入。在投标报价时对已经编辑好的各专业定价重新梳理,将可调整的清单子目进行价格修改。

(2)清单子目不平衡报价的目的是通过清单子目中建设方所给的工程量在中标前后发生变化时能够获得结算额增长。

(3)工料机不平衡报价是在投标时将建设方指定的分包商或供货商的价格调低,到施工过程中建设方要变更分包人或材料品牌,需要重新定价时再提高到市场交易价格签认,把建设方指定项的价格降低,清单中其他项的价格提高,这样操作的目的是为了在结算时提高总利润率,达到不平衡报价收益。

(4)措施项不平衡报价是在投标过程中,将措施费中的组织措施和技术措施的综合单价进行调整,降低因技术措施工程量变更而引发的风险。组织措施分项是施工过程中必须有的项,填报时要调高综合单价,而技术措施在清单计价或模拟清单中的工程量会在结算时产生变化,应将该项的综合单价调低。

303. 工作联系单是结算资料吗？能否作为结算依据？

解答： 需要看合同约定。根据《建设工程工程量清单计价规范》（GB 50500—2013）条文说明第9.14条，工程签证、施工签证、技术核定单等，需要转换成书面签证进入结算。

施工合同一般都只明确了签证的结算事项，工作联系单并不能证明已经完成该项工作内容，该项内容已经验收通过，只是说明有人提及过此事。

所以，工作联系单是辅助证据，办理结算时要注意文件效力问题。

 304. 钢筋材料价格上涨会减少多少利润？

解答： 住宅项目中材料费约占总造价的56%，钢筋材料约占材料费的15%，可计算出 $56\% \times 15\% = 8.4\%$。

若钢筋价格为4500元/t，价格上涨10%，可计算为 $8.4\% \times 10\% = 0.84\%$，如果投标总价2亿元的项目，影响利润为168万元。

由此可知，在总价2亿元的工程项目中亏损168万元，对工程总利润来说影响还算比较小。

 305. 工人住的活动房的标准是什么？

解答： 活动房在定额中按临时设施计取费用，一般预算定额中建筑工程不小于总造价的1.5%。

临时设施包括：临时宿舍、文化福利及公用事业房屋与构筑物，仓库、办公室、加工房以及规定范围内道路、水、电、管线以及简易施工围墙等临时设施和小型临时设施。临时设施费内容包括：临时设施的搭设、维修、拆除或摊销费。

 306. 合同约定固定总价与总价包干有什么区别？

解答： 固定价有相对固定和绝对固定之分。比如去饭店吃饭，一桌套餐是300元，这就是相对固定价，换几个菜就需要重新计价；比如去吃自助餐，每人300元，这就是绝对固定价，因为是按人次计价的。清单计价是相对固定，是针对施工图范围的固定，工程变更需要增减工程量。而地产开发合同中一般都指绝对固定，由变更引起的费用增减不调整。

 307. 暂估价和暂列金是什么？

解答： 暂估价是必然发生，但是在投标时不确定具体的量和价，在施工过程中双方再确认；暂列金是不一定发生，用于支付工程变更、现场签证、索赔费用，多退少补的。暂列金如果项目没有用完在结算时可以扣除，暂列金剩余部分不归施工方所有。

 308. 二次结构植筋可以签证吗？签证有什么风险？

解答：进入工程结算阶段，二次结构植筋事项甲乙双方争论不休，于是就出现各种解释，以下从施工成本管理视角分析一下各方观点。

案例：图纸会审、会议纪要中已经明确的植筋。

某造价人员问："招标清单中未描述钢筋需要植筋，技术标中也没有说明二次结构植筋的内容，中标以后我（施工方）在图纸会审时提出植筋事宜，并且建设方、监理方、设计方参与签字确认，在施工过程会议纪要文件中也有二次结构植筋的记录。现在进入结算，审计说植筋应由施工单位承担，可这都是有甲乙双方认可签字的，审计有什么理由扣除植筋的费用？"

（1）从施工方造价人员角度分析。有依据的文件都可以进入结算书，建设方、监理方、设计方都参与签字确认，施工过程中确实已经完成此项工作内容，有结算依据。

《砌体填充墙结构构造》（12G614—1）第8.4条规定，现场可以采用植筋方式，没有违背技术规范要求，预算定额中有植筋定额子目，并且清单下面没有套用对应植筋项，可以认为此项是漏项，按理应该增加这项费用。

分包商结账时也必须要植筋费，如果报价时漏项，这项费用公司是亏本的。可以按施工现场根数计算出工程量，采用套用定额方式报结算。

（2）从咨询公司与建设方角度分析。咨询公司指出："植筋根数有问题，没有详细的计算图纸，按套用定额方式不合理，清单价格是下浮的，套用定额也应该下浮。"

合同之外的不考虑增项，投标报价时已经给出施工图，而图纸内容包括现行规范图集，应将此费用考虑在综合单价内。投标时未考虑费用是施工方责任，不能单独计取植筋费用。

（3）从施工成本角度分析。要先分清楚二次结构植筋是现场签证还是工程变更，因为只有签证和变更才是结算时调整合同额的依据，图纸会审记录、会议纪要只能证明已经完成该项内容，并不是结算证据。计算工程量的依据是否充分？图纸中体现的内容存在哪些争议点？做成本管理一定要想清楚再决定。

现场签证是合约外的事项，植筋事项属于合约内，图纸会审记录、会议纪要具有证明施工采用哪种方案的作用。不管增补哪种文件，合同的主体不能偏离，植筋事项可以认为施工方案变更，需要了解哪种方案的费用低，在施工前要有决策方案。

从成本管理角度应该更多考虑利弊关系。例如要考虑采用植筋方案建设方会不会审减，因为双方确认的文件如果有可能被审减，最好在结算过程中隐藏。审计人员可能会提出"采用植筋方案比原来的钢筋安装方案要节省人工及材料，要扣减50万元，此项是变更确认。"作为成本经营者应该事先做好准备，到审计提出时再考虑，就变成了无法挽回的损失。

1）二次结构采用植筋方式的费用。二次结构植筋成本要考虑分包价格行情和材料成本。二次结构使用钢筋多数是直径6mm的钢筋，直径12mm的钢筋一般用于构造柱、抱框柱、圈过梁等，综合考虑成本价格是2元/根。

2）二次结构采用钢筋预埋件方式的费用。二次结构钢筋采用预埋件方式，要计算出预埋件的制作费和安装费。制作费包括人工费、材料费、机械费，人工费 3000 元/t，材料费 4500 元/t，机械费按照材料 1000 元/t，合计 8500 元/t，埋件每个约 0.33kg，折合 2.57 元/个；安装费按 0.50 元/个计算，工人工资按 300 元/天计算，每天可以安装 600 个。

计算时还要考虑拆模后的预埋件焊接和弹线定位人工费，此项应该不低于 1 元/个。总体费用考虑，应该是不小于 4 元/根。

3）二次结构采用钢筋预留方式的费用。二次结构钢筋预留是将钢筋预先埋入混凝土内，拆模板后再从混凝土柱或梁表皮中剔凿出来。采用钢筋预留方式的优点是费用比采用预埋件方式和采用植筋方式低，但施工难度大，预埋位置不符合砌体皮数，圈过梁的预埋钢筋直径较大，埋入时无法保证主体结构混凝土的保护层厚度。

在框架结构中采用预留方式较多，因为柱保护层较厚，并且预埋以后位移较小。但在住宅构件的框架剪力墙中采用预留方式无法确保质量，多数项目不采用这种方式。

综合因素分析，采用预留方式还需要在模板上打孔，浪费模板材料，并不能降低成本。

（4）总结分析。综合分析以上三种方式，植筋方式比预埋件方式的费用节省约一半，如果报送二次结构植筋费用 50 万元，施工单位最后可能会"倒贴"50 万元，当辩论采用预留方式时，又拿不出可行性方案，破坏主体结构质量，监理会否定此种方式，最终可能是"倒贴"费用结算。

施工单位找建设方签字、报送结算，说明没有从合约角度考虑，也没有考虑签字文件带来的利弊，签字属于施工现场管理，报送属于公司层面管理，企业整体需要成本管理做出决策才会得到好的结果。

309. 钢筋标准图集、钢筋技术规程、钢筋质量规范等，应以哪个参考为依据？

解答：参考图纸中注明的规范标准为主要依据，图纸中引用的图集编号为次要依据，图纸中未注明规范标准也未引用图集，以常用图集和现行规范为参考依据。

施工方只有照图施工才是正确的做法，不管怎样签订的合同是以施工图为双方结算依据的，图纸的设计当然就是主要依据。图纸在设计时不能把详细节点画出来，特别是平法标注图集使用后，节点大样详图在图纸中基本不出现，图纸引用到的图集就是次要依据。如果前两者依据没有找到，最后解决办法就是以常用的图集为依据。

某施工单位提问："我们这个在建工程筏板的受力钢筋全部采用Ⅰ级接头，是不是就可以在任意部位进行钢筋连接？也就是不需要考虑钢筋连接位置的要求了？"《钢筋机械连接技术规程》（JGJ 107—2016）第 4.0.3 条规定"接头宜避开有抗震设防要求的框架的梁端、柱端箍筋加密区；当无法避开时，应采用Ⅱ级接头或Ⅰ级接头，且接头面积百分率不宜大于 50%"。

技术规程是通用规范，平法系列图集中基础节点详图是常用图集，也是施工图引用的重要规范。技术规程中规定"接头宜避开和无法避开时采用某做法"，而设计意图是尽量满足设计要求，设计值是大于或等于设计要求的，以施工图引用的标准为原则，显然钻空子是不成立的。

 310. 现场签证办理失败是造价人员的责任吗?

解答: 经过多少年的博弈积累,对于签证,建设方早已形成了一套严密的防范体系,施工方的应对体系则相形见绌,尤其是对那些讲究团队能力的现场签证,施工方与建设方相比就更处于劣势。

签证办理不好的原因、责任,可以从以下四个问题进行分析。

(1)签证谁发现?谁来办理?

签证谁发现,谁来办理,由于企业人员结构的不同,各家的做法各有不同。曾在全国数十个省的 3500 多位造价人员中做过一个网络调研:签证谁发现?谁去编写?谁去办理?

归纳的答案如下:

1)施工员、技术员去发现,造价员或技术员编写,项目经理或技术负责人或生产经理去办理签证。

2)造价员去发现,造价员或技术员编写,项目经理或技术负责人或生产经理去办理签证。

3)施工员、技术员去发现,上报商务部门,商务部门办理签证。

4)都由施工、技术部门办理。

5)都由商务部门办理。

6)被动式办理,项目经理或领导已经认为必须进行签证,请商务部门去处理。被动办理签证在项目上很普遍。

7)主动式办理,商务部门人员主动去办理签证,好的商务经理、项目经理是主动型的。

由施工员、技术员办理,他们能知道哪个该签哪个不该签,哪个在合同里已经包括无须再办理签证。有些可能没头绪发现不了,即使被发现的也是类似于已完工程遇设计变更拆除之类的变更。

很显然,除有人统筹管理外,这样办理签证的做法漏签、少签的为数不少。

(2)施工方普遍做不好签证工作的原因。

1)技术层面。现场人员要吃透合同、懂造价,显然很不现实。造价人员要深入现场,只有跟踪现场才能发现更多需要办理签证的项目,做好签证工作需要综合能力较强的人。

2)管理层面。由于内部管理因素企业体系不全,合同交底不细致,模板不细致,流程不完善,内部会审制度不完善,责任矩阵不明确。

项目配合较少,人员单打独斗没有形成合力,责权不对等。办理签证需要有权限,能拍板确定,且有一定的费用支出。

(3)施工方如何做好签证工作。

1)完善管理体系。明确谁来主管,谁来牵头,形成有效的管理体系。完善体系、制度,完善自有流程,驻场造价人员发现签证项目并处理,技术人员配合完成,协调自己公司内部沟通和管理辅助工作,这是个系统性的工程。

2）办理签证最重要的一条在于前期的准备。商务人员对各工程师的协调非常重要，商务人员应该是办理签证的主导者，对项目的全过程有个很好的预控，对注意事项、主要部位做很好的交底、普及，让他们知道到什么部位可能有什么事发生。

3）领导重视。办理签证前事先去沟通，建设方一般会推脱，必须领导出面协调。要由领导带着专责人员一起与建设方协调、跟进，从上到下都要努力，才能促进签证工作。

专人做专门的事情，责任到位。很多签证没办成，是有心无力，并非不努力，要想创造价值，需要靠大家齐心协力。

（4）签证做不好是造价从业者的责任吗？

工程的签证一般需要从"事、项、量、价、谈"五个方面入手解决。相对来说"事"属于"战略"层面，很多的问题需要上层处理，非一般造价员所能为；"项、量、价"是战术，属于造价员业务范畴；"价"有时也需上层领导确认；"谈"则是艺术，讲究综合性，其赋予的内涵更广。

所以，办理签证需要：

1）形成良好的企业文化，企业愿景和员工发展相适应。

2）签证工作不仅需要团队，还需要管理体系的支持。

3）签证工作是个系统工程，不是某个部门或某个人的事，一个人的能力再大，在团队中依然很渺小，重要的是集体智慧、团队力量，需要团队去完成。

4）签证工作还需要领导的重视。

5）办理签证不是纯技术性的工作，需要全员协调。

6）签证工作与其他工作不同，绩效考核没有标准，除了需要较强的个人技术能力、强烈的责任心、敬业精神和奉献精神，更需要有好的激励机制。

 ## 311. 压缩工期和延长工期都有哪些分项可以计算费用？

解答：施工工期是指正式开工至完成设计要求的全部施工内容并达到国家验收标准的天数，工期定额则是评价工程建设速度、编制施工计划、签订承包合同的依据。在工作中经常接触施工工期，施工合同上注明的施工作业天数就是约定的施工工期。但是如果在施工过程中出现关于工期的各类问题，必须了解工期定额以后才可以确定施工工期。

（1）施工成本与工期的影响。在合理的作业时间内完成合同要约，项目投入的成本最低，但是施工过程中经常碰到合同工期变化，导致施工成本增加。

1）压缩工期一般需要增加项目管理人员、分包队伍、机械设备和周转材料配置，间接增加成本还包括人工作业面减少降效费用、各工种交叉作业影响增加费用、夜间施工降效费用、加班工资补贴以及涨薪费用、安全文明施工方案增加费用等。

案例：某15栋高层住宅楼项目，现场分为三个阶梯流水段施工，最前流水段已经完成第10层主体结构，最后流水段完成首层主体结构。建设方为了赶工期，要求提前90天完成，施工方提出以下索赔增加费用：

由于项目增加工人，原有一名工长管理两栋楼施工，现在项目部必须增添4名工长，每名工长只能管理一栋楼，增添工长增加工资9000元/月。

赶工期间临时招分包队伍困难，劳务分包价格超出原有同类劳务分包价格，是赶工直接导致的原因，需要在原有分包价格的基础上补偿 10% 的劳务价格。

由于全天 24 小时施工，施工塔式起重机超负荷作业，需要新增 2 台塔式起重机，需要每日增加 25t 汽车式起重机 4 台，需要增加混凝土布料机 3 台，共计 50 万元。

原有胶合板及模板支撑体系三层周转使用，现在混凝土浇筑时间缩短，需要配一套新模板及支撑体系，按照模板面积每平方米增加折旧费 3 元和模板支撑租赁费 5 元。

缩短工期发生的间接费用。由于人工作业面减少发生降效，各类工种综合降效约 5%；工人夜间施工降效约 10%；每日每人加班补贴 30 元/小时；现场安全文明施工需要增加场地硬化 $330m^2$，需要增加搭设安全防护等工作。本项综合计算需要增加 90 万元。

甲方在协商谈判时提出，工期缩短相应的人材机也会减少。但实际情况是人材机数量没有减少，作业强度相同，消耗应该相同。比如机械作业时间减少，吊运材料工程量不变，实际就是增加了负荷。

2）延长工期一般需要增加项目管理人员工资、分包队伍停工窝工损失、机械租赁或停滞发生的费用、材料涨价发生的费用、周转材料摊销增加费用，间接增加成本还包括文明施工费用、分包工人涨薪费用、设备折旧增加费用、作业界面停工保护措施费用等。

案例：某 15 栋高层住宅楼项目，现场分为三个阶梯流水段施工，最前流水段已经完成第 10 层主体结构，最后流水段完成首层主体结构。根据建设方预售房情况要求该项目延长工期 90 天，停止最后流水段的 12#～15#楼施工，施工方提出以下索赔增加费用：

由于项目工期延长，流水段继续施工的栋号管理人员工资增加 3 个月，工资平均 9000 元/月。

分包队伍停工后遣返工人路费 500 元/人，停工后收尾工作导致窝工 160 工日。

停工流水段 12#～15#楼的 2 台塔式起重机保留停滞，每台租赁费用 2.1 万元/月。

停工至复工期间主要材料上涨 5%，调整差价费用。

外脚手架搭设租赁费用，每月增加 8 元/m^2，模板支撑体系租赁回运运输费 3.5 万元。

延长工期发生的间接费用。停工流水段 12#～15#楼外脚手架的密目网更换 8 元/m^2，复工时塔式起重机重新调试费 1.5 万元，12#～15#楼复工后分包价格上涨 8% 调整差价，停工后地下室入口搭设防雨水保护措施和预留钢筋防护措施共计 3.2 万元。

（2）施工工期索赔的常见考虑因素。施工工期索赔，小型民营企业一般拿不到索赔费用。工期索赔原因错综复杂，以下是几种常见原因：

1）施工方没有索赔经验，没有组成索赔证据，虽然申报索赔但是结算时索赔费用理由不充分，建设方不予补偿。

2）施工方害怕破坏与建设方的关系，自愿放弃索赔，结算时让步或者为下一个项目的合作赢取机会。

3）施工方协调不力，责任不明确，无法组成索赔证据资料。

4）害怕建设方反索赔或在施工过程中抓住弱点扣减工程款。

大型施工企业往往是在投标时就开始考虑索赔事项，利用二次经营通过索赔获得收益。在施工过程中收集各种有力证据，结算时提出索赔费用。

（3）分析总结。工期定额的应用是工程全过程管理一个必不可少的部分，在招标投标阶段可以测算施工成本，约定合同工期，在施工过程中可以解决施工进度问题，在结算和工程鉴定时有确定工期标准的参考价值。

价格、质量、进度、安全、信誉形成成本五要素，其中进度就是项目的直接成本，施工工期和工期定额之间存在密不可分的联系。

第二篇
工程量计算案例

第22章 土方工程

1. 人工土方工程量计算案例

【例22-1】 挖地槽土方工程量计算

如图22-1所示，某门卫室为带型基础，采用人工开挖土方，自卸汽车运送土方至场外1km处堆放，室外自然地坪为负300mm，通过计算求得基础构件所占体积为20m³，其中C10混凝土垫层100mm。求土方开挖工程量、回填土方工程量和土方运输工程量。

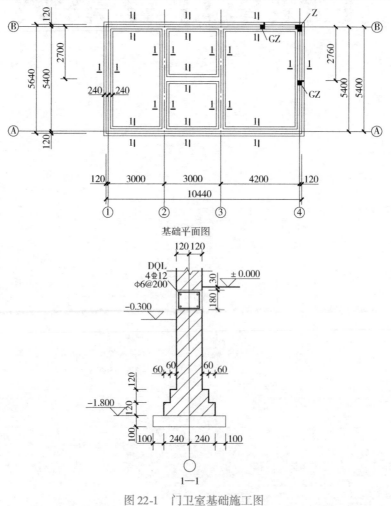

图22-1 门卫室基础施工图

【解】查表22-1得知，人工挖一般土，挖土深度1.6m，放坡系数为0.43。

表22-1　放坡系数表

土质	起始深度	人工挖土	机械挖土	
			在坑内作业	在坑外作业
一般土	1.4	1:0.43	1:0.3	1:0.72
砂砾坚土	2	1:0.25	1:0.1	1:0.33

查表22-2得知，槽宽度计算需要增加工作面，槽底工作面增加宽度30cm。

表22-2　工作面增加宽度表

基础工程施工项目	每边增加工作面/cm
毛石基础	15
混凝土基础或者基础垫层需要支模板	30
使用卷材或防水砂浆做垂直防潮层	80
带挡土板的挖土	10

（1）挖土方工程量。依据预算定额第一章土（石）方基础垫层工程，计算规则："挖地槽工程量按设计图示尺寸以体积计算，其中：外墙地槽长度按设计图示外墙槽底中心线长度计算，内墙地槽长度按内墙槽底净长计算；槽宽按设计图示基础垫层底尺寸加工作面的宽度计算；槽深按自然地坪标高至槽底标高计算。当需要放坡时，放坡的土方工程量合并于总土方工程量中。"

槽长：$[(10.2 \times 2 + 5.4 \times 2) + (5.4 - 0.64 \times 2) \times 2 + (3 - 0.64 \times 2)]m = 41.16m$

槽深：从自然地坪开挖，深度计取1.6m。

槽截面面积：$[(0.68 + 0.3 \times 2) + (0.68 + 0.3 \times 2 + 1.6 \times 0.43 \times 2)] \times 1.6/2 m^2 = 3.149 m^2$

挖土体积：$V_{挖} = (41.16 \times 3.149)m^3 = 129.61 m^3$

（2）回填土方工程量。

$$V_{填} = 挖土体积 - 基础构件所占体积$$
$$= (129.61 - 20)m^3$$
$$= 109.61 m^3$$

（3）土方外运工程量。依据预算定额第一章土（石）方基础垫层工程，计算规则："本章挖、运土按天然密实体积计算。人工回填土包括5m以内取土，机械回填土包括150m以内取土"。本案例考虑槽边堆放土方，只计算余土外运工程量。天然密实体积即挖土方图示体积。

查表22-3得知，回填夯实土体积折算为天然密实土体积系数为1.15。

表22-3　土方虚实体积折算表

虚土	天然密实土	夯实土	松填土
1	0.77	0.67	0.83
1.3	1	0.87	1.08
1.5	1.15	1	1.25

$$V_{外运} = 挖土方体积 - 回填土方体积 \times 1.15$$
$$= (129.61 - 109.61 \times 1.15)m^3 = 3.56m^3$$

通过计算本案例外运土方为 $3.56m^3$，说明不需要购买黄土回填基槽，可以不发生外运土方情况。

2. 机械土方工程量计算案例

【例22-2】 挖土方工程量计算

如图22-2所示，某住宅楼地下车库部分，图纸设计为筏形基础，预制管桩直径400mm。采用反铲挖机在坑外开挖一般土方，排水沟300mm×300mm沿槽四周通设，室外自然地坪为 -450mm，计算求得基础构件及地下室空间所占体积为 $1000m^3$，堆土场地距挖土中心3km，采用自卸汽车运输土方。求土方开挖工程量、回填土方工程量、土方运输工程量和平整场地工程量。

【解】 查表22-1得知，机械挖土坑外作业放坡系数为0.72。查表22-2得知，槽底工作面增加宽度30cm。

(1) 挖土方工程量。

挖土深度：$[(0.8 - 0.45) + 2.95 + 0.25 + 0.1]m = 3.65m$

坑底面积：$[(33.85 + 0.3 \times 2) \times (12 + 0.3 \times 2) - 1.6 \times 5.2 - 6.6 \times 1.8 - 3 \times 0.6 - 11.2 \times 1.8 - 3 \times 0.6]m^2 = 390.11m^2$

坑顶面积：$[(33.85 + 0.3 \times 2 + 3.65 \times 0.72 \times 2) \times (12 + 0.3 \times 2 + 3.65 \times 0.72 \times 2) - 1.6 \times 5.2 - 6.6 \times 1.8 - 3 \times 0.6 - 11.2 \times 1.8 - 3 \times 0.6]m^2 = 665.03m^2$

中截面面积：$[(33.85 + 0.3 \times 2 + 3.65 \times 0.72/2 \times 2) \times (12 + 0.3 \times 2 + 3.65 \times 0.72/2 \times 2) - 1.6 \times 5.2 - 6.6 \times 1.8 - 3 \times 0.6 - 11.2 \times 1.8 - 3 \times 0.6]m^2 = 520.66m^2$

大开挖土方体积可以看作倒棱台体积计算，由此得出计算式：

$$V = (S_1 + S_2 + 4S_0)H/6$$

式中 S_1——上底面积 （m^2）；

S_2——下底面积 （m^2）；

S_0——中截面面积 （m^2）。

$$V = (S_1 + S_2 + 4S_0)H/6$$
$$= (390.11 + 665.03 + 520.66 \times 4) \times 3.65/6 m^3$$
$$= 1908.82m^3$$

集水坑体积：

$$V = (S_1 + S_2 + 4S_0) H/6$$
$$= [(4 + 21.53 + 11.02 \times 4) \times 1.32/6]m^3 \times 2$$
$$= 30.63m^3$$

排水沟体积：

$$工程量 = (94.1 \times 0.3 \times 0.3)m^3 = 8.47m^3$$

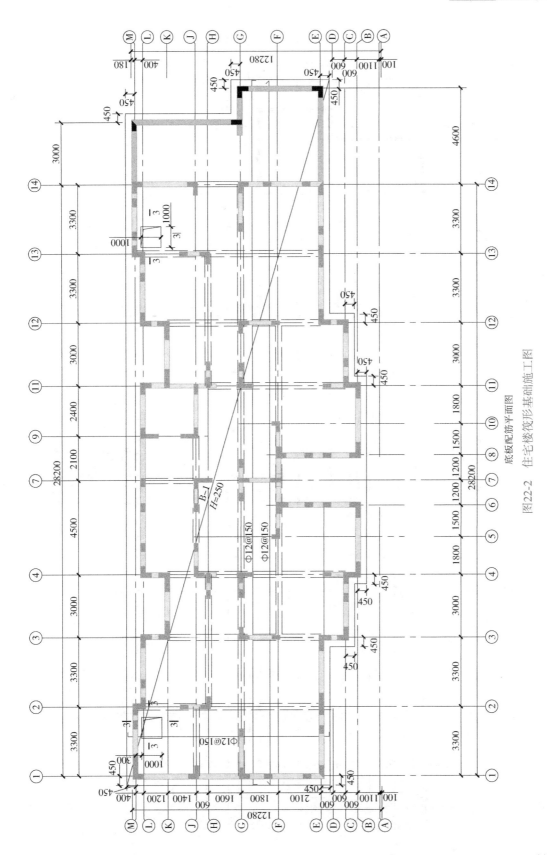

图22-2 住宅楼筏形基础施工图

底板配筋平面图

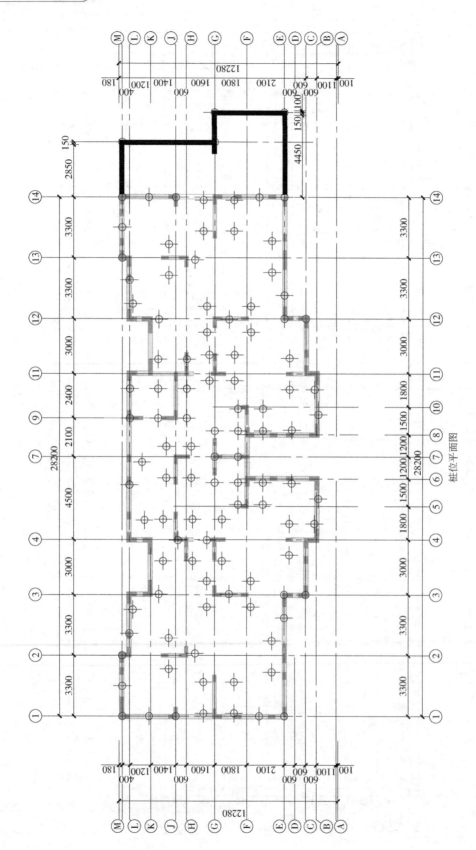

桩位平面图

图22-2 住宅楼筏形基础施工图（续）

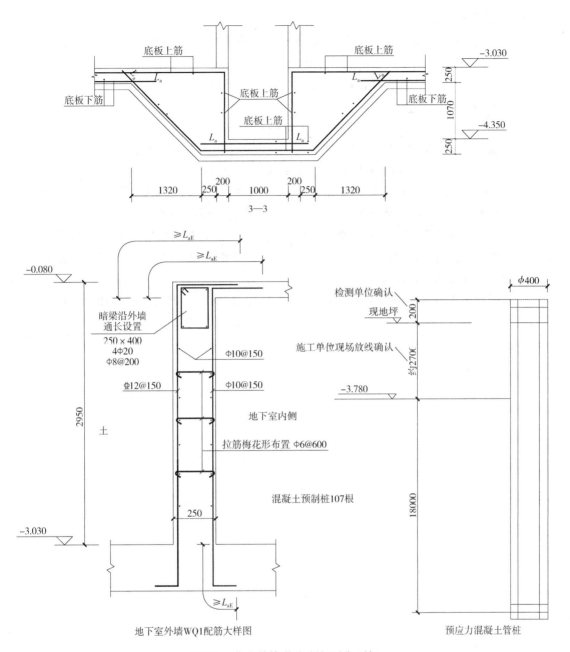

图 22-2 住宅楼筏形基础施工图（续）

桩头所占体积：

$$工程量 = (3.14 \times 0.2^2 \times 3.65) \times 107 m^3 = 49.05 m^3$$

依据预算定额第一章土（石）方基础垫层工程，计算规则："人工挖土或机械挖土凡是挖至桩顶以下的，土方量应扣除桩头所占体积。排水沟挖土工程量按施工组织设计的规定以体积计算，并入挖土工程量内。"

挖土方工程量 = 大开挖土方体积 + 集水坑体积 + 排水沟体积 - 桩头所占体积

$$V_{挖} = (1908.82 + 30.63 + 8.47 - 49.05) m^3 = 1898.87 m^3$$

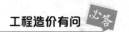

（2）回填土方工程量。

$$V_填 = 挖土体积 - 基础构件及地下室空间所占体积$$
$$= (1898.87 - 1000) \, \text{m}^3$$
$$= 898.87 \text{m}^3$$

（3）土方运输工程量。

$$V_{外运} = 挖土方体积 = 1898.87 \text{m}^3$$

查表 22-3 得知，回填夯实土体积折算为天然密实土体积系数为 1.15。

$$V_{回运} = 回填土方体积 \times 1.15 = 898.87 \times 1.15 \text{m}^3 = 1033.70 \text{m}^3$$

"挖土机挖、自卸汽车运一般土方"定额子目中包括 1km 以内的运输，本案例运距 3km，应再套用定额子目"每增加 1km 运距"，该定额子目乘以系数 2。

（4）平整场地工程量。依据预算定额第一章土（石）方基础垫层工程，计算规则："平整场地按建筑物的首层建筑面积计算。建筑物地下室结构外边线突出首层结构外边线时，其突出部分的建筑面积合并计算。"

平整场地工程量 $= [(31.2 + 0.15 \times 2) \times (9.1 + 0.15 \times 2) - 21.3 \times 0.4 - 2.7 \times 1.2 \times 2 +$
$$1.6 \times 4.2 + 3 \times 1.2 \times 2 + 3.6 \times 1.8 \times 2 - 2.1 \times 2.1] \text{m}^2$$
$$= 303.57 \text{m}^2$$

第23章 桩基础工程

1. 预制管桩工程量计算案例

【例23-1】 预制管桩工程量计算

如图23-1所示，某办公楼采用预制管桩基础，桩型号为PC-A400（90）-9，8，设计每根桩长度17m，试桩数量3根，自然地坪为正负零，求预制管桩工程量。

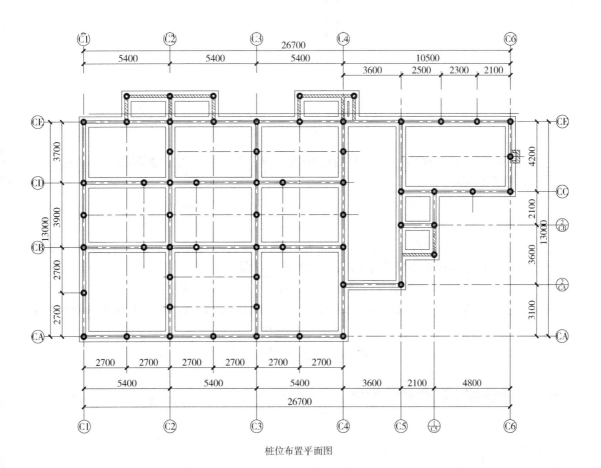

桩位布置平面图

图23-1　预制桩基图

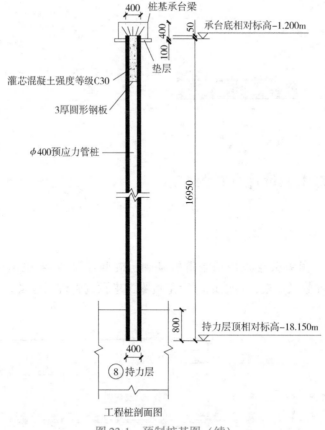

图 23-1 预制桩基图（续）

【解】从桩位布置平面图中得知桩数量 60 根，从工程桩剖面图中得知桩长为 17m。

（1）打预制管桩：

$$工程量 = (17 \times 60 + 1.2 \times 3)m = 1023.6m$$

（2）送桩：

依据预算定额，第二章桩与地基基础工程，计算规则："送桩深度为打桩机机底至桩顶之间的距离（按自然地面至设计桩顶距离另加 50cm 计算）。"

$$工程量 = (1.2 + 0.5 - 0.05) \times 57m = 94.05m$$

（3）接桩：参考图集《先张法预应力离心混凝土管桩》津 10G306，桩型号为 PC-A400（90）-9，8，是由 9m 桩和 8m 桩组成，需要电焊连接。

$$工程量 = (60 + 3) 个 = 63 个$$

2. 灌注桩工程量计算案例

【例 23-2】灌注桩工程量计算

如图 23-2 所示，某教学楼采用钻孔灌注混凝土桩，桩径 600mm，自然地坪为正负零，桩长 24m，钢筋工程量为 54t，泥浆运至 7km 场地外，求钻孔混凝土灌注桩工程量。

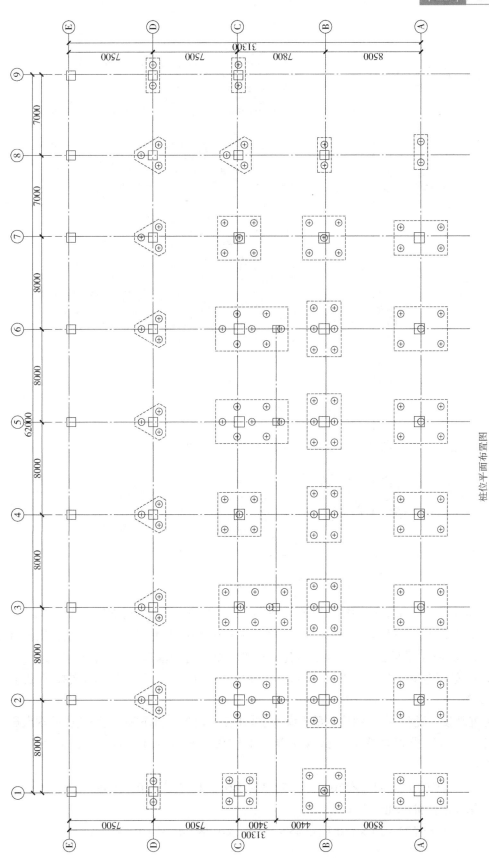

桩位平面布置图

图23-2 钻孔混凝土灌注桩

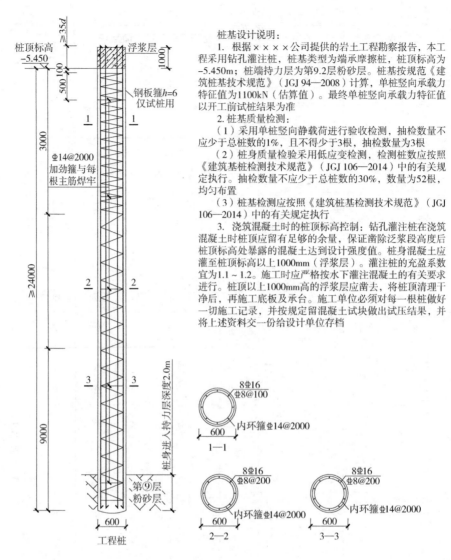

图 23-2　钻孔混凝土灌注桩（续）

【解】从桩位平面布置图中得知桩数量 150 根，从工程桩详图中得知桩长为 24m。

（1）钻孔灌注桩。已知设计桩长 24m，依据桩基设计说明中："桩身混凝土应灌至桩顶标高以上 1000mm（浮浆层）。"依据预算定额，第二章桩与地基基础工程，计算规则："超灌长度设计有规定者，按设计要求计算，无规定者，按 0.5m 计算"，本次按图纸设计 1000mm 计算。

依据桩基设计说明中："抽检数量不应少于总桩数的 1%，且不得少于 3 根"，本次试桩按 3 根计算。可以求得自然地坪到灌注混凝土桩顶面长度为 4.45m，桩断面面积计算为 $0.282743m^2$。

$$V = [(24 + 1) \times 150 + (4.45 \times 3)] \times 0.282743m^3 = 1064.06m^3$$

（2）钻孔灌注桩成孔。

$$V = [(24 + 1) \times 150 + (4.45 \times 150)] \times 0.282743m^3 = 1249.02m^3$$

（3）混凝土灌注桩钢筋笼。

$$钢筋工程量 = 54t$$

（4）泥浆运输。依据预算定额，第二章桩与地基基础工程，计算规则："泥浆运输按成孔以体积计算。"

$$泥浆外运工程量 = 1249.02m^3$$

泥浆池、沟工程量，实际发生按实计算。泥浆运输定额子目中包括5km以内的运输，本案例运距7km，应再套用定额子目"每增加1km运距"，该定额子目乘以系数2。

第24章　降水排水工程

大开挖基坑降水排水工程量计算案例

【例】基础降水排水工程量计算

如图 24-1 所示，某住宅小区基础降水排水施工组织设计方案，施工现场甲乙双方签认管井排水总天数为 35 天，3 月 1 日开始抽水，其中 3 月 7 日土方开挖完成用时 7 天，每座井内放置一台潜水泵抽水。因地下水位较高，采用每天 24 小时不间断抽水。基槽底采用集水井排水 16 天，采用每天 24 小时不间断抽水。大口井直径为 400mm，无砂管，深度 8m，管底注入粗砂 1.5m。沉淀池设在东北角，由沉淀池再排至市政管网。求降水排水工程量。

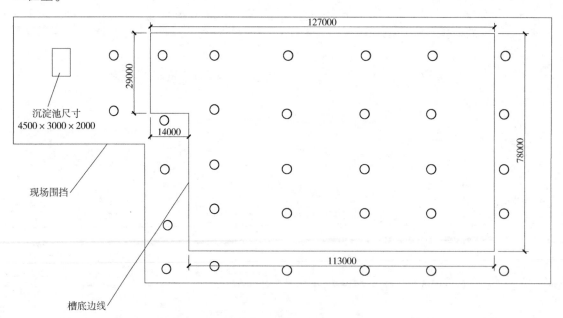

〇无砂管排水井

现场开挖前集中排水，井深8m，由每口井排至沉淀池处理，再排至市政管网。
排水井位置间隔20~25m一口，共设32口

图 24-1　降水排水示意图

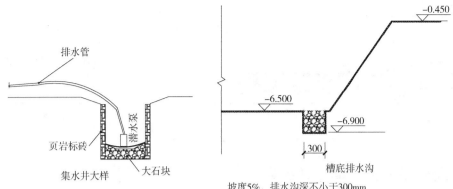

图 24-1 降水排水示意图（续）

【解】依据预算定额，第十一章施工排水、降水措施费，说明："排水井分集水井和大口井两种。集水井基价项目包括了做井时除去挖土之外的全部人工、材料和机械消耗量，实际井深在 4m 内者，按本基价计算。"计算规则："集水井按设计图示数量以座计算，大口井按累计井深以长度计算。抽水机抽水以天计算，每二十四小时计算一天。"本案例基槽边大口井 15 座排水作业到回填完成，土方开挖用时 7 天，基槽边大口井用时 28 天。

（1）大口井工程量：

$$工程量 = 32 \times 8m = 256m$$

（2）集水井工程量：

$$工程量 = [(113 + 78 + 127 + 29 + 14)/15]座 = 24座$$

（3）水泵抽水工程量：

$$工程量 = 大口井抽水工程量 + 集水井抽水工程量$$
$$= [(32 \times 7 + 15 \times 28) + (24 \times 16)]天$$
$$= 1028 天$$

（4）挖土方工程量：

$$工程量 = 集水井挖土方工程量 + 排水沟挖土方工程量$$
$$= [(1.2 \times 1.2 \times 2.5) \times 24 + (113 + 78 + 127 + 29 + 14) \times 0.3 \times 0.3]m^3$$
$$= 118.89m^3$$

（5）排水沟填石子工程量：

$$工程量 = [(113 + 78 + 127 + 29 + 14) \times 0.3 \times 0.3]m^3$$
$$= 32.49m^3$$

第25章 脚手架工程

单项脚手架工程量计算案例

【例】脚手架工程量计算

如图 25-1 所示，某热力车间新建工程，车间跨度 24m，框架柱尺寸 400mm×600mm，屋顶板为双层夹心保温板。求该工程的脚手架工程量。

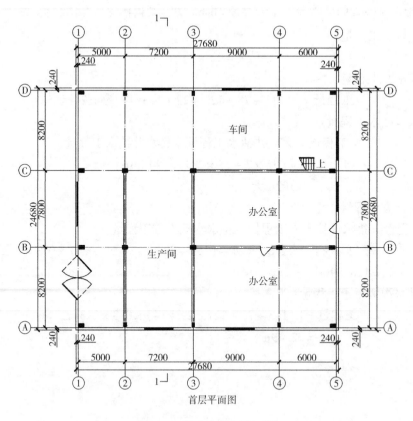

图 25-1 某热力车间施工图

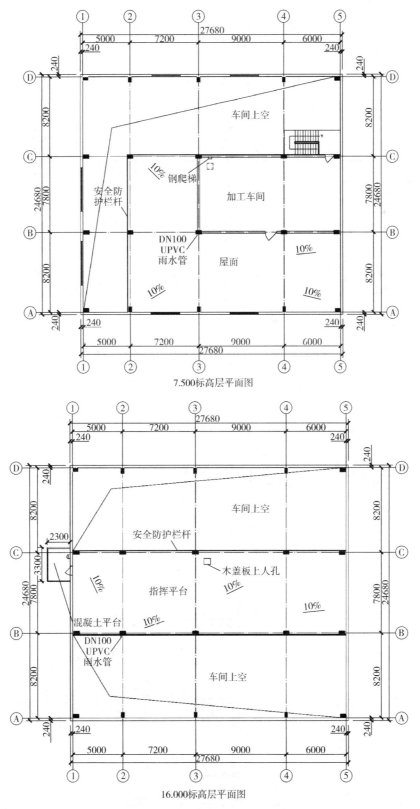

7.500标高层平面图

16.000标高层平面图

图25-1 某热力车间施工图（续）

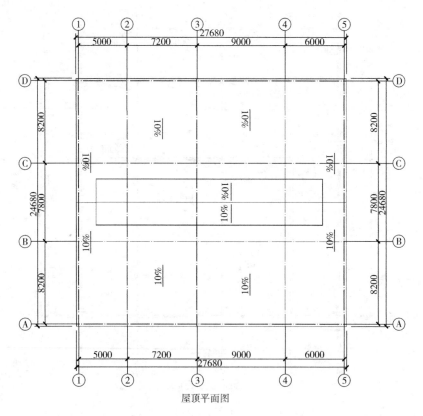

屋顶平面图

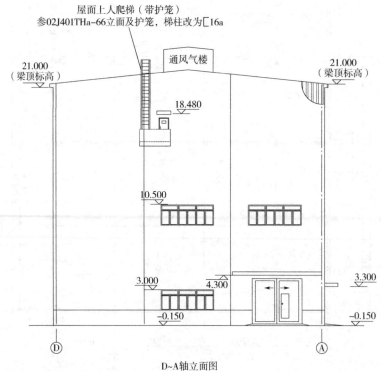

屋面上人爬梯（带护笼）
参02J401THa-66立面及护笼，梯柱改为匚16a

D~A轴立面图

图25-1　某热力车间施工图（续）

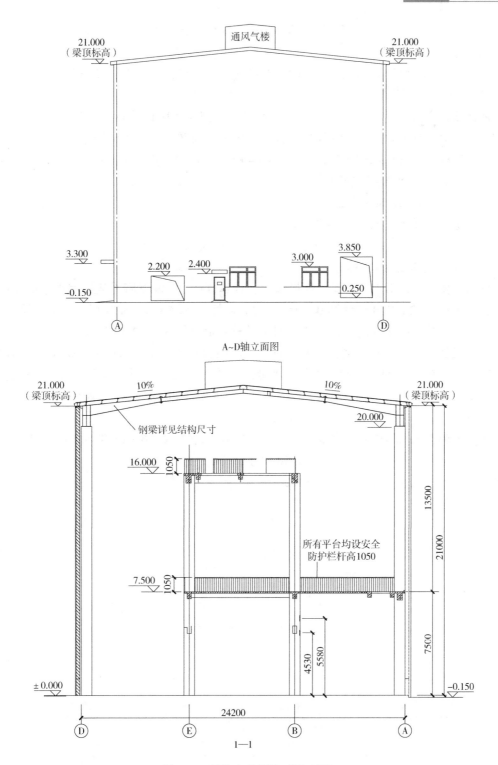

图 25-1 某热力车间施工图（续）

【解】已知檐高 21.15m，外墙外边线 104.72m。

（1）外墙双排脚手架：

$$工程量 = 104.72 \times 21.5 m^2 = 2251.48 m^2$$

（2）独立柱脚手架：

$$工程量 = \{[(0.4 + 0.6) \times 2 + 3.6] \times 20 \times 20\} m^2 = 2240.00 m^2$$

（3）砌筑脚手架：

依据预算定额，第十二章脚手架措施费，计算规则："里脚手架按墙面垂直投影面积计算。"本案例内墙砌体脚手架考虑混凝土板厚 100mm，砌体墙砌至混凝土板底。

$$\begin{aligned}工程量 &= [(8.4 \times 2 + 5.1 \times 2 + 7.4 \times 4) \times (7.5 - 0.1) + (8.4 \times 2 + 5.1 \times 2 + 7.4) \times \\ &\quad (8.5 - 0.1)] m^2 \\ &= 707.80 m^2\end{aligned}$$

（4）悬挑脚手架（混凝土平台处）：

$$工程量 = 3.3 \times 2 m = 6.6 m$$

（5）室内满堂装饰脚手架：

依据预算定额，第十二章脚手架措施费，计算规则："满堂脚手架按室内净面积计算，其高度在 3.6~5.2m 之间时计算基本层，5.2m 以外，每增加 1.2m 计算一个增加层，不足 0.6m 按一个增加层乘以系数 0.5 计算。计算公式：满堂脚手架增加层 = （室内净高 - 5.2）/1.2。"本案例生产间、办公室、加工车间的室内顶棚需要装饰，双层夹心保温板不需要装饰。首层高 7.5m，应计算 2 个增加层工程量，二层高 8.5m，应计算 3 个增加层工程量。

$$\begin{aligned}满堂装饰脚手架基本层工程量 &= (14.88 \times 7.56 \times 2 + 6.96 \times 15.88 + 14.88 \times 7.56) m^2 \\ &= 488.00 m^2\end{aligned}$$

$$\begin{aligned}满堂装饰脚手架增加层工程量 &= (14.88 \times 7.56 \times 2 \times 2 + 6.96 \times 15.88 \times 2 + 14.88 \times \\ &\quad 7.56 \times 3) m^2 \\ &= 1008.50 m^2\end{aligned}$$

第26章　砌筑工程

1. 砌基础和砖砌体工程量计算案例

【例26-1】 砌筑工程工程量计算

如图26-1所示，某门卫室为混合结构，设计为砖基础，正负零以上圈梁、构造柱、过梁、压顶的混凝土嵌入墙内体积为2m³，求砌筑工程量。

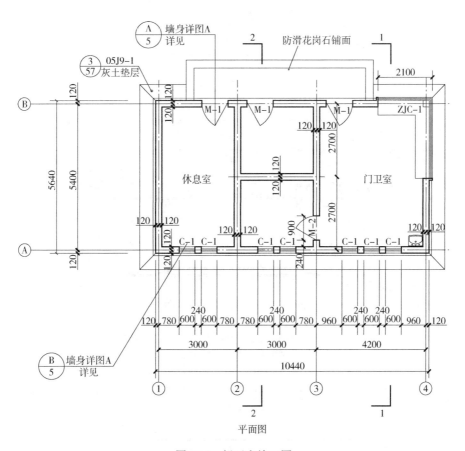

图26-1　门卫室施工图

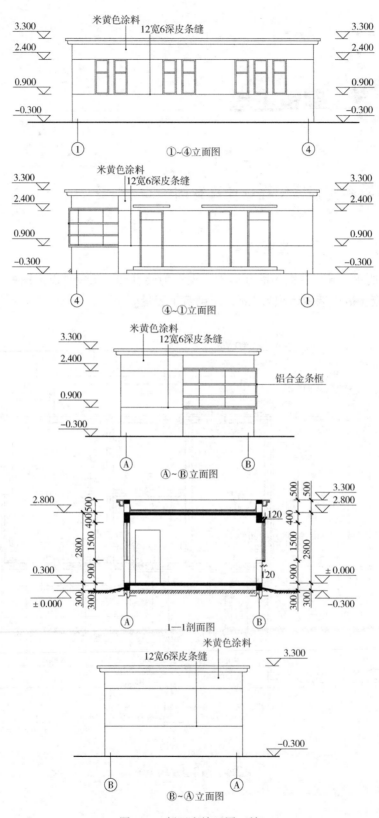

图 26-1　门卫室施工图（续）

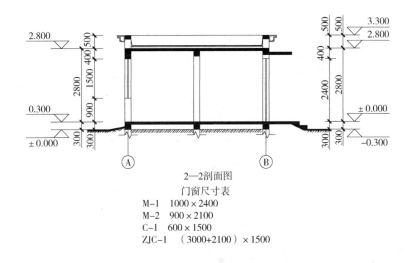

2—2剖面图

门窗尺寸表

M-1　1000×2400
M-2　900×2100
C-1　600×1500
ZJC-1　（3000+2100）×1500

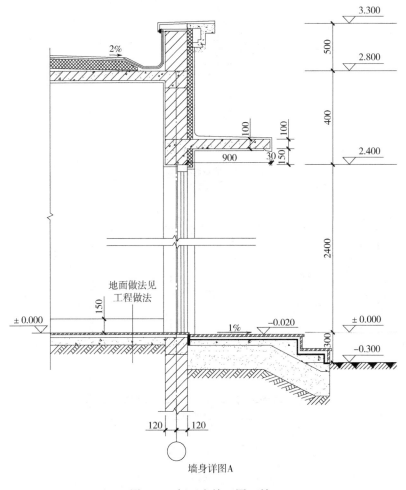

墙身详图A

图26-1　门卫室施工图（续）

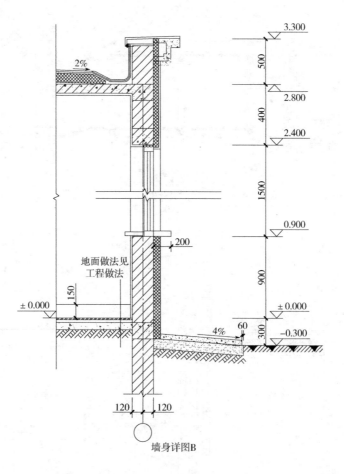

墙身详图B

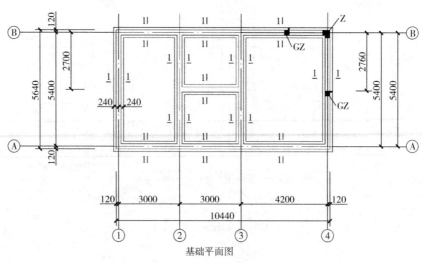

基础平面图

图 26-1　门卫室施工图（续）

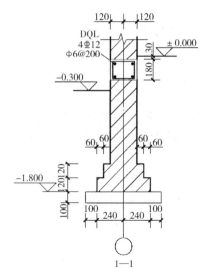

图 26-1　门卫室施工图（续）

【解】依据预算定额，第三章砌筑工程，计算规则："墙长度：外墙按中心线计算，内墙按净长计算。墙高度：按实砌高度计算，平屋面算至屋面板底。"本案例已知正负零以上圈梁、构造柱、过梁、压顶的混凝土嵌入墙内体积为 $2m^3$，墙高度按楼层高度。

外墙中心线长：$(10.2+5.64) \times 2m = 31.68m$

内墙净长：$[(5.4-0.24) \times 2 + 3 - 0.24]m = 13.08m$

查表 26-1 得知，本案例基础为等高大放脚砖基础，增加断面面积为 $0.04725m^2$。

表 26-1　砌页岩标砖基础大放脚增加断面面积计算表 （单位：m^2）

放脚层数	增加断面面积	
	等高	不等高
一	0.01575	0.01575
二	0.04725	0.03938
三	0.09450	0.07875
四	0.15750	0.12600
五	0.23625	0.18900
六	0.33075	0.25988

（1）砌筑砖基础体积：

$$V = [(1.59 \times 0.24 + 0.04725) \times (31.68 + 13.08)]m^3$$
$$= 19.20m^3$$

（2）砌筑墙体体积：

$V = 2.8 \times 0.24 \times (31.68+13.08) - 门窗所占体积 - 混凝土嵌入墙内体积$

$= [2.8 \times 0.24 \times (31.68+13.08) - (0.6 \times 1.5 \times 7 + 1 \times 2.4 \times 3 + 0.9 \times$

$2.1 + 5.1 \times 1.5) \times 0.24 - 2]m^3$

$= 22.55m^3$

2. 砌体内构造柱工程量计算案例

【例26-2】构造柱工程量计算

如图 26-2 所示，某住宅楼砌筑墙体内有构造柱，构造柱高度 3m，其中 A 型 65 根，B 型 70 根，C 型 60 根，D 型 100 根。求构造柱在砌体墙内所占体积。

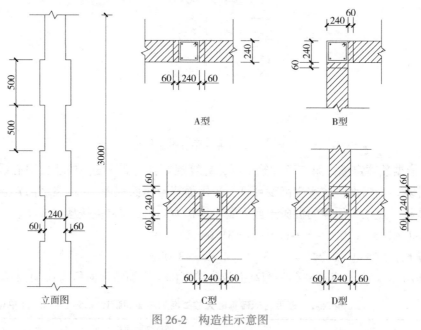

图 26-2 构造柱示意图

【解】 依据预算定额，第三章砌筑工程，计算规则："实心页岩标砖墙、空心砖墙、多孔砖墙、各类砌块墙、毛石墙等墙体均按设计图示尺寸以体积计算。扣除门窗洞口、过人洞、空圈、嵌入墙内的钢筋混凝土柱、梁、圈梁、挑梁、过梁及凹进墙内的壁龛、管槽、暖气槽、消火栓箱所占体积。"第四章混凝土及钢筋混凝土工程，计算规则："构造柱按全高计算，嵌接墙体部分（马牙碴）并入柱身体积。"由此考虑，计算砌体体积时，必须计算出构造柱体积。

$$A \text{ 型构造柱工程量} = [(0.24 + 0.06/2 \times 2) \times 0.24 \times 3 \times 65] \text{m}^3 = 14.04 \text{m}^3$$
$$B \text{ 型构造柱工程量} = [(0.24 + 0.06/2 \times 2) \times 0.24 \times 3 \times 70] \text{m}^3 = 15.12 \text{m}^3$$
$$C \text{ 型构造柱工程量} = [(0.24 + 0.06/2 \times 3) \times 0.24 \times 3 \times 60] \text{m}^3 = 14.26 \text{m}^3$$
$$D \text{ 型构造柱工程量} = [(0.24 + 0.06/2 \times 4) \times 0.24 \times 3 \times 100] \text{m}^3 = 25.92 \text{m}^3$$

3. 砌筑构筑物工程量计算案例

【例26-3】砖砌烟囱工程量计算

如图 26-3 所示，某砖砌烟囱筒身高度 21m，上口外径 1.2m，下口外径 2.4m，壁厚

240mm，采用 M5.0 混合砂浆砌筑。出灰口设混凝土圈梁一道，外径 2.3m，断面 0.24m × 0.24m。计算砖烟囱筒身的工程量。

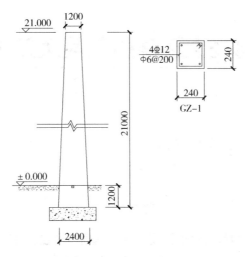

图 26-3 砖砌烟囱施工图

【解】筒身体积 - 混凝土圈梁所占体积
$$V = 1/2 \times \pi \times \Sigma \left[(HC(A+a)) \right]$$

式中　V——筒身体积（m^3）；

　　　H——每段筒身垂直高度（m）；

　　　C——每段筒壁厚度（m）；

　　　A——每段筒壁下口中心线直径（m）；

　　　a——每段筒壁上口中心线直径（m）。

　　　工程量 $= \{1/2 \times 3.14 \times \left[(21 \times 0.24 \times (2.4 + 1.2 - 0.24 \times 2)) \right] - 0.24 \times 0.24 \times$
　　　　　　$(2.3 - 0.24) \times 3.14\} m^3$

　　　　$= 24.32 m^3$

第27章 混凝土及钢筋混凝土工程

1. 独立基础工程量计算案例

【例 27-1】独立基础混凝土工程量计算

如图 27-1 所示，某实验楼为钢筋混凝土独立基础，求独立基础工程量。

【解】从图 27-1 中可得知 J-1 承台 2 个，J-2 承台 13 个。

棱台体积计算式：

$$V = (S_1 + S_2 + 4S_0) \times H/6$$

式中　S_1——上底面积（m^2）；

　　　S_2——下底面积（m^2）；

　　　S_0——中截面面积（m^2）。

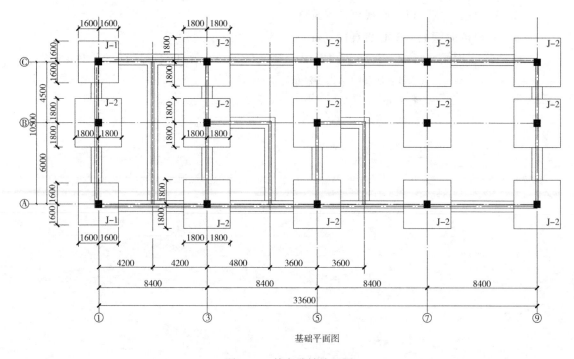

基础平面图

图 27-1　某实验楼施工图

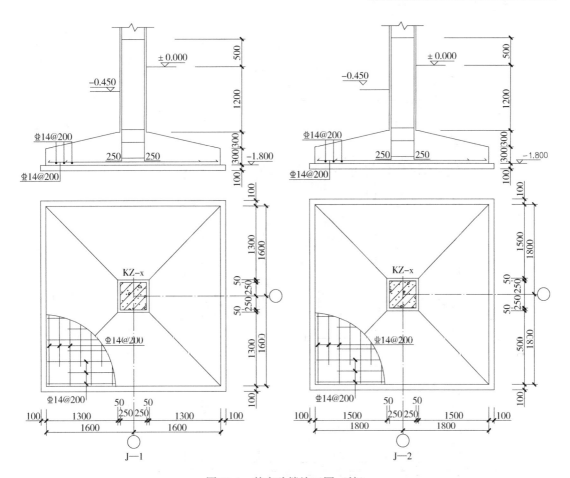

图 27-1　某实验楼施工图（续）

V_{J-1} = 棱台体积 + 下部立方体体积

= $\{[3.2 \times 3.2 + 0.6 \times 0.6 + 4 \times (3.2 + 0.6)/2 \times (3.2 + 0.6)/2] \times$

$0.3/6 \times 2 + 3.2 \times 3.2 \times 0.3 \times 2\} \text{m}^3$

= 8.65m^3

V_{J-2} = 棱台体积 + 下部立方体体积

= $\{[3.6 \times 3.6 + 0.6 \times 0.6 + 4 \times (3.6 + 0.6)/2 \times (3.6 + 0.6)/2] \times$

$0.3/6 \times 13 + 3.6 \times 3.6 \times 0.3 \times 13\} \text{m}^3$

= 70.67m^3

$V = V_{J-1} + V_{J-2} = (8.65 + 70.67) \text{m}^3 = 79.32 \text{m}^3$

2. 带形基础工程量计算案例

【例 27-2】 带形基础混凝土工程量计算

如图 27-2 所示，某厂区锅炉房基础为带形基础，基础垫层上表面标高为 -1.8m。求混凝土带形基础工程量、构造柱工程量、地圈梁工程量。

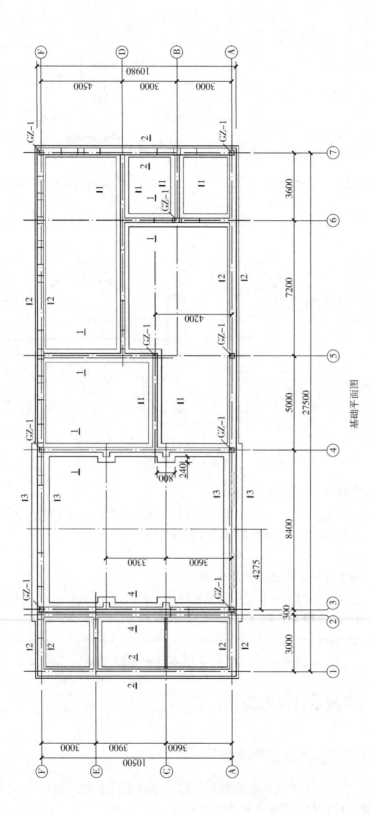

基础平面图

图27-2 某厂区锅炉房基础施工图

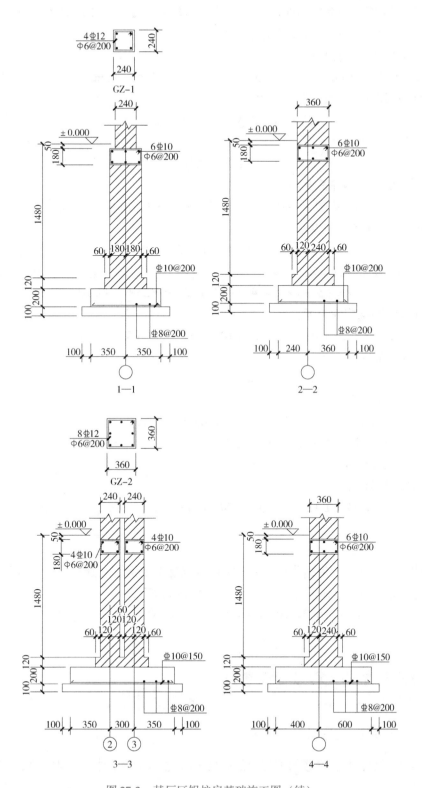

图 27-2 某厂区锅炉房基础施工图（续）

【解】从施工图中计算出构件长度，使用线性构件的截面面积乘以构件长度，可以计算出工程量。从图27-2中得知混凝土构件柱9根。

2—2剖带形基础构件长度：
$$L = [(2.71 + 0.06) \times 3 + (10.5 + 0.12) \times 2 + (15.45 + 0.06) \times 2] \text{m} = 60.57 \text{m}$$

3—3剖带形基础构件长度：
$$L = 8.48 \times 2 \text{m} = 16.96 \text{m}$$

4—4剖带形基础构件长度：
$$L = 11.62 \text{m}$$

1—1剖带形基础构件长度：
$$L = (9.62 + 5 + 5.71 + 10.21 + 5.41 + 3.01) \text{m} = 38.96 \text{m}$$

墙垛处带形基础构件长度：
$$L = 0.24 \times 4 \text{m} = 0.96 \text{m}$$

360mm厚地圈梁构件长度：
$$L = (3.36 \times 3 + 24.75 \times 2 + 10.26 \times 2) \text{m} = 80.10 \text{m}$$

240mm厚地圈梁构件长度：
$$L = (4.76 + 10.56 + 3.36 + 10.26 \times 3 + 6.3 + 5.76) \text{m} = 61.52 \text{m}$$

墙垛处地圈梁构件长度：
$$L = 0.24 \times 4 \text{m} = 0.96 \text{m}$$

（1）带形基础工程量。
$$V = (0.6 \times 0.2 \times 60.57 + 1 \times 0.2 \times 16.96 + 1 \times 0.2 \times 11.62 + 0.7 \times 0.2 \times 38.96 + 0.8 \times 0.2 \times 0.96) \text{m}^3$$
$$= 18.59 \text{m}^3$$

（2）地圈梁工程量。
$$V = [(0.36 \times 0.18 \times 80.10 + 0.24 \times 0.18 \times 61.52 + 0.24 \times 0.18 \times 0.96) - (0.24 \times 0.24 \times 9)] \text{m}^3$$
$$= 7.37 \text{m}^3$$

（3）构造柱工程量。依据预算定额，第四章混凝土及钢筋混凝土工程，计算规则："构造柱按全高计算，嵌接墙体部分（马牙槎）并入柱身体积。"
$$V = [(0.24 \times 0.24 \times 1.55) \times 9 + 0.03 \times 1.55 \times 21] \text{m}^3$$
$$= 1.78 \text{m}^3$$

3. 梁板柱结构工程量计算案例

【例27-3】梁板柱混凝土工程量计算

如图27-3所示，某教学楼第五层楼层高度3m，框架梁板结构，求柱、梁、板的混凝土工程量。

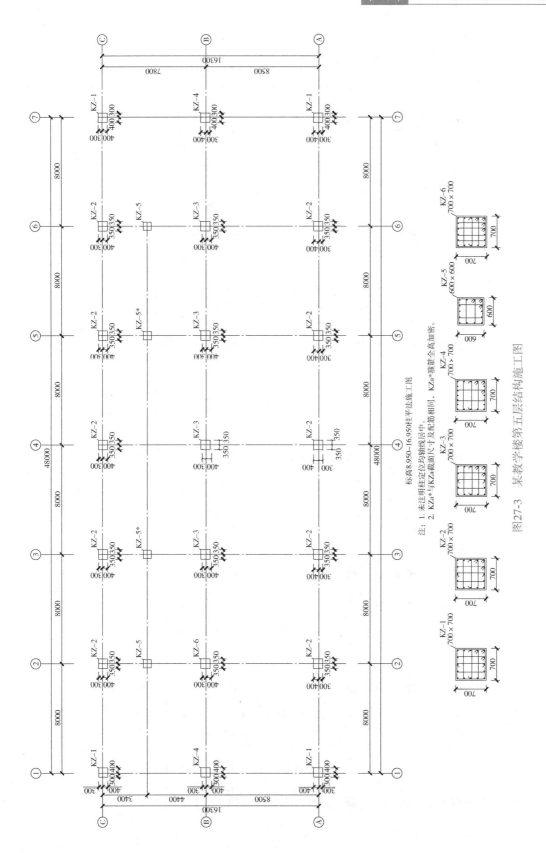

标高8.950～16.950柱平法施工图

注: 1. 未注明柱定位均按轴线居中。
2. KZa*与KZa截面尺寸及配筋相同,KZa*箍筋全高加密。

图27-3 某教学楼第五层结构施工图

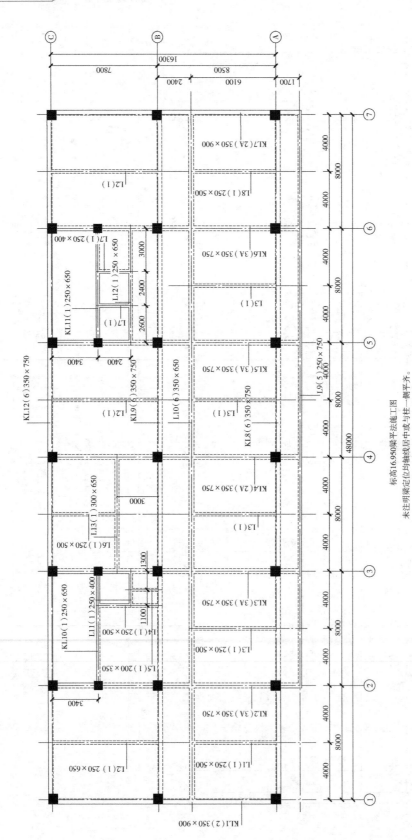

标高16.950梁平法施工图

未注明梁定位均轴线居中或与柱一侧平齐。

图27-3　某教学楼第五层结构施工图（续）

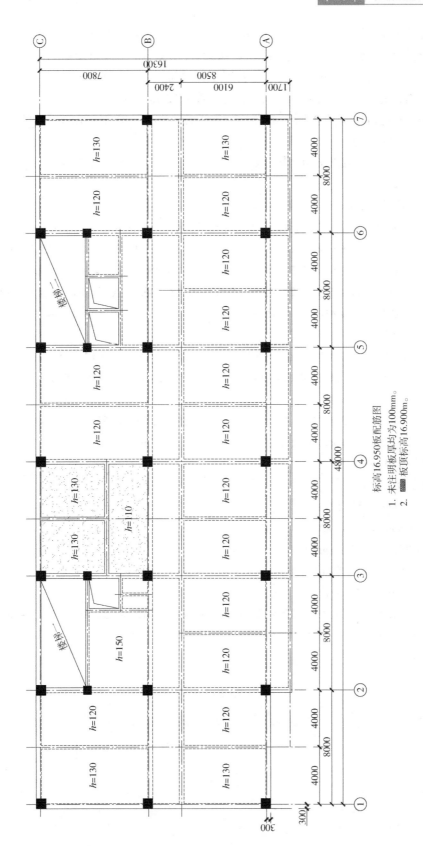

标高16.950板配筋图
未注明板厚均为100mm。
1. 板顶标高16.900m。
2. 板顶标高16.900m。

图27-3 某教学楼第五层结构施工图（续）

【解】依据预算定额，第四章混凝土及钢筋混凝土工程，计算规则："框架柱的柱高应自柱基上表面至柱顶高度计算。现浇混凝土梁按设计图示尺寸以体积计算，伸入墙内的梁头、梁垫并入梁体积内。梁与柱连接时，梁长算至柱侧面；主梁与次梁连接时，次梁长算至主梁侧面。"本案例是第五层，楼层高度3m，柱高度应按3m计算。

（1）框架柱工程量。从施工图中查得 KZ1，4 根；KZ2，10 根；KZ3，4 根；KZ4，2 根；KZ5，4 根；KZ6，1 根。

$$V = \left[0.7 \times 0.7 \times (4+10+4+2+1) \times 3 + 0.6 \times 0.6 \times 4 \times 3 \right] \mathrm{m}^3$$
$$= 35.19 \mathrm{m}^3$$

（2）混凝土梁工程量：

主梁工程量 = KL1 + KL2 + KL3 + KL4 + KL5 + KL6 + KL7 + KL8 + KL9 + KL10 + KL11 + KL12
$$= (0.35 \times 0.9 \times 14.8 + 0.35 \times 0.75 \times 15.73 + 0.35 \times 0.75 \times 15.73 + 0.35 \times 0.75 \times 16.33 + 0.35 \times 0.75 \times 15.73 + 0.35 \times 0.75 \times 15.73 + 0.35 \times 0.9 \times 16.33 + 0.35 \times 0.75 \times 43.7 + 0.35 \times 0.75 \times 43.7 + 0.25 \times 0.65 \times 7.4 + 0.25 \times 0.65 \times 7.4 + 0.35 \times 0.75 \times 43.7) \mathrm{m}^3$$
$$= 67.43 \mathrm{m}^3$$

次梁工程量 = L1 + L2 × 3 + L3 × 4 + L4 + L5 + L6 + L7 × 2 + L8 + L9 + L10 + L11 + L12 + L13
$$= (0.25 \times 0.5 \times 5.88 + 0.25 \times 0.65 \times 7.7 \times 3 + 0.25 \times 0.5 \times 5.875 \times 4 + 0.25 \times 0.5 \times 4.23 + 0.2 \times 0.35 \times 1.83 + 0.25 \times 0.5 \times 4.6 + 0.25 \times 0.4 \times 2.15 \times 2 + 0.25 \times 0.5 \times 5.88 + 0.25 \times 0.75 \times 38.35 + 0.35 \times 0.65 \times 46.15 + 0.25 \times 0.4 \times 2.1 + 0.25 \times 0.65 \times 7.65 + 0.3 \times 0.65 \times 7.65) \mathrm{m}^3$$
$$= 30.46 \mathrm{m}^3$$

（3）混凝土板工程量：

混凝土板 100mm = 155.19m^2

混凝土板 110mm = 21.42m^2

混凝土板 120mm = 331.34m^2

混凝土板 130mm = 137.89m^2

混凝土板 150mm = 22.39m^2

工程量 $= (155.19 \times 0.1 + 21.42 \times 0.11 + 331.34 \times 0.12 + 137.89 \times 0.13 + 22.39 \times 0.15) \mathrm{m}^3$
$$= 78.92 \mathrm{m}^3$$

第28章 构件运输及安装

预制构件运输及安装工程量计算案例

【例】预制构件运输及安装工程量计算

如图28-1所示，某住宅小区室外暖气沟工程，设计采用预制混凝土盖板，转角处设现浇混凝土过梁，尺寸为200mm×150mm。求该暖气沟的工程量。

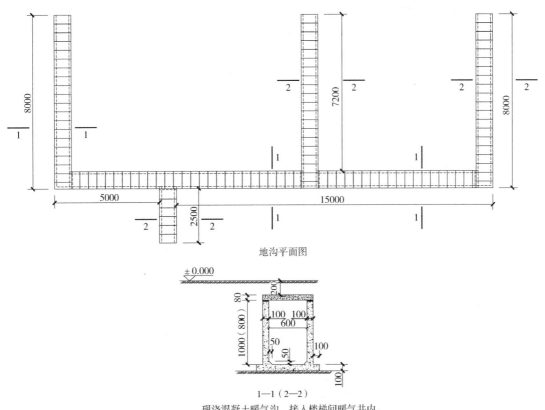

地沟平面图

1—1（2—2）

现浇混凝土暖气沟，接入楼梯间暖气井内。
采用预制混凝土盖板，厚80mm

图28-1 室外暖气沟施工图

【解】依据预算定额，第四章混凝土及钢筋混凝土工程，章节说明："预制混凝土构件制作基价中未包括从预制地点或堆放地点至安装地点的运输，发生运输时，执行相应的运输

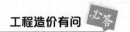

项目。"本案例中暖气沟盖板为预制构件,在场外制作需要运输,因构件体积较小,采用人力装卸汽车和人力搬运安装就位方式。

1—1 剖暖气沟中心线长:$(8 + 10.9 + 7.5)m = 26.4m$

2—2 剖暖气沟中心线长:$(2.5 + 8 + 8)m = 18.5m$

(1)混凝土暖气沟底、壁工程量:

$$\begin{aligned} V &= [1 \times 0.1 \times (26.4 + 18.5) + (1 \times 0.1 \times 2 + 0.05 \times 0.05) \times 26.4 + (0.8 \times 0.1 \times \\ &\quad 2 + 0.05 \times 0.05) \times 18.5 - 0.8 \times 0.8 \times 0.1 - 1 \times 1 \times 0.1 \times 3]m^3 \\ &= 12.48m^3 \end{aligned}$$

(2)现浇混凝土过梁工程量:

$$\begin{aligned} V &= (0.2 \times 0.15 \times 5)m^3 \\ &= 0.15m^3 \end{aligned}$$

(3)预制构件制作安装工程量:

$$\begin{aligned} V &= [0.8 \times 0.08 \times (26.4 + 18.5)]m^3 \\ &= 2.87m^3 \end{aligned}$$

(4)预制构件运输工程量:

$$\begin{aligned} V &= [0.8 \times 0.08 \times (26.4 + 18.5)]m^3 \\ &= 2.87m^3 \end{aligned}$$

第29章 楼地面工程

楼地面工程量计算案例

【例】楼地面工程量计算

某门卫室地面施工，工程做法如图 29-1 所示。求地面、室外台阶、散水工程量并套用定额。

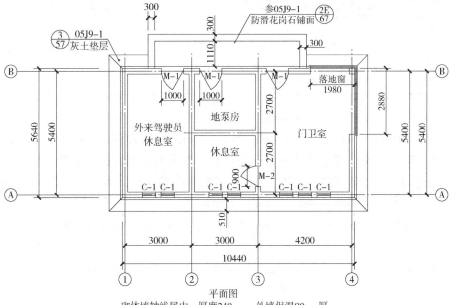

平面图
砌体墙轴线居中，厚度240mm，外墙保温90mm厚

工程做法

房间	地面	踢脚	备注
门卫室	1. 铺8~10mm厚地砖地面，干水泥擦缝 2. 撒素水泥面（洒适量清水） 3. 20mm厚1：4干硬性水泥砂浆结合层 4. 刷素水泥浆一道 5. 60mm厚C15混凝土 6. 150mm厚3：7灰土垫层 7. 素土夯实	1. 8~10mm厚地砖稀水泥擦缝 2. 5mm厚1：1水泥细砂浆结合层 3. 12mm厚1：3水泥细砂浆打底	1. 踢脚高150mm 2. 地砖颜色及规格均由建设单位自定
休息室、地泵房、外来驾驶员休息室	1. 20mm厚水泥砂浆抹光压平 2. 刷素水泥浆一道 3. 60mm厚C15混凝土 4. 150mm厚3：7灰土垫层 5. 素土夯实	1. 6mm厚11：3水泥砂浆 2. 6mm厚11：2水泥砂浆抹面压光	踢脚高150mm

图 29-1 门卫室施工图

【解】（1）地砖地面工程量。依据预算定额，装饰专业第一章楼、地面工程，计算规则："块料面层按设计图示尺寸以实铺面积计算，应扣除地面上各种建筑配件所占面层的面积，门洞、空圈、暖气包槽、壁龛的开口部分并入相应的面层工程量内计算。块料踢脚线按设计图示长度乘以高度以面积计算，扣除门洞、空圈所占面积，增加门洞、空圈和垛的侧壁面积。"

$$地砖工程量 = 3.96 \times 5.16 m^2 + 门洞开口部分 + 落地窗开口部分$$
$$= [3.96 \times 5.16 + (0.9 \times 0.12 + 1 \times 0.12) + 4.86 \times 0.24] m^2$$
$$= 21.83 m^2$$

$$地砖踢脚线工程量 = [(3.96 + 5.16) \times 2 \times 0.15 - (0.9 + 1 + 4.86) \times 0.15] m^2$$
$$= 1.72 m^2$$

地砖地面套用定额见表 29-1。

表 29-1　地砖地面定额列表

序号	定额编号	分部分项工程名称	单位	工程量
1	1-45	铺陶瓷地砖楼地面（周长 2400mm 以内）	m^2	21.83
2	1-267	现浇无筋混凝土垫层（厚度 100mm 以内）	m^3	1.31
3	1-259	3:7 灰土垫层夯实	m^3	3.27
4	1-134	镶铺陶瓷地砖踢脚线	m^2	1.72

（2）水泥砂浆地面工程量。依据预算定额，装饰专业第一章楼、地面工程，计算规则："整体面层按设计图示尺寸以主墙间净空面积计算，应扣除凸出地面的构筑物、设备基础等所占面积，不扣除柱、垛、间壁墙及单个面积 $0.3m^2$ 以内的孔洞所占的面积，门洞、空圈、暖气包槽、壁龛的开口部分不增加面积。水泥砂浆踢脚线按设计图示长度计算，不扣除门洞及空圈长度，但门洞、空圈和垛的侧壁长度亦不增加。"

$$水泥砂浆地面工程量 = (2.76 \times 5.16 + 2.76 \times 2.46 + 2.76 \times 2.46) m^2$$
$$= 27.82 m^2$$

$$水泥砂浆踢脚线工程量 = [(2.76 + 5.16) \times 2 + (2.76 + 2.46) \times 2 \times 2] m$$
$$= 36.72 m$$

水泥砂浆地面套用定额见表 29-2。

表 29-2　水泥砂浆地面定额列表

序号	定额编号	分部分项工程名称	单位	工程量
1	1-2	干拌水泥砂浆地面（厚度 20mm）	m^2	27.82
2	1-267	现浇无筋混凝土垫层（厚度 100mm 以内）	m^3	1.67
3	1-259	3:7 灰土垫层夯实	m^3	4.17
4	1-120	干拌水泥砂浆踢脚线	m	36.72

（3）混凝土散水工程量。

$$工程量 = [(10.44 + 0.5) \times 2 + (5.64 + 0.5) \times 2 - 7.1] \times 0.5 m^2$$
$$= 13.53 m^2$$

混凝土散水套用定额见表 29-3。

表 29-3 混凝土散水定额列表

序号	定额编号	分部分项工程名称	单位	工程量
1	4-68	60mm 现浇混凝土散水（随打随抹面层）	m^2	13.53
2	1-259	3:7 灰土垫层夯实	m^3	2.03
3	1-257	垫层素土夯实（包括 150m 运土）	m^3	4.06
4	4-69	散水沥青砂浆嵌缝	m	34.16

（4）台阶工程量。依据预算定额，装饰专业第一章楼、地面工程，计算规则："台阶装饰按设计图示尺寸以台阶（包括最上层踏步边沿加 300mm）水平投影面积计算，不包括翼墙、花池等面积。"

$$工程量 = (7.1 \times 1.4) m^2$$
$$= 9.94 m^2$$

台阶套用定额见表 29-4。

表 29-4 台阶定额列表

序号	定额编号	分部分项工程名称	单位	工程量
1	1-245	水泥砂浆镶铺花岗岩台阶面	m^2	9.94
2	4-64	现浇混凝土台阶	m^2	9.94
3	1-259	3:7 灰土垫层夯实	m^3	2.98
4	1-257	垫层素土夯实（包括 150m 运土）	m^3	2.98

第30章 屋面及防水工程

1. 平屋面工程量计算案例

【例30-1】平屋面工程量计算

如图30-1所示，某住宅楼为平屋面工程，水泥焦渣找坡2%，女儿墙与楼梯间出屋面墙交接处，卷材弯起高度取250mm。求防水卷材工程量和1:2水泥砂浆找平层工程量。

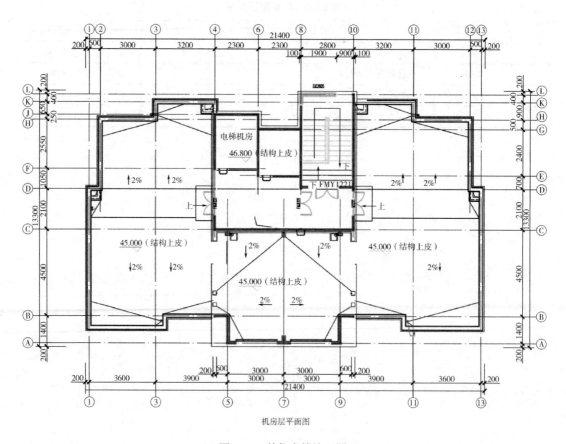

机房层平面图

图30-1 某住宅楼施工图

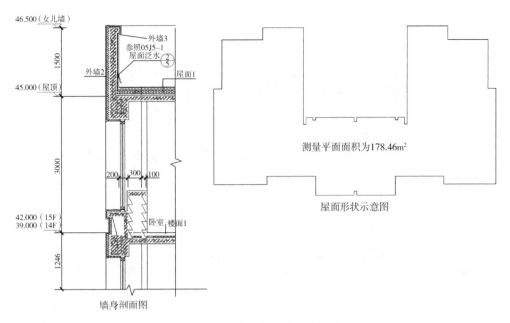

图 30-1　某住宅楼施工图（续）

【解】该屋面为平屋面（坡度小于 5%），工程量按水平投影面积计算，弯起部分并入屋面工程量内。

（1）防水平面面积：

$$F_1 = 测量平面面积 = 178.46 m^2$$

（2）弯起部分面积：

女儿墙与楼梯间出屋面墙交接处计算长度为 86.00m。

$$F_2 = 86 \times 0.25 m^2 = 21.5 m^2$$

（3）屋面卷材工程量：

$$F = F_1 + F_2 = (178.46 + 21.5) m^2 = 199.96 m^2$$

（4）1:2 水泥砂浆找平层工程量：有防水卷材处均抹 1:2 水泥砂浆，工程量同防水面积。

$$S_{找平} = 防水卷材工程量 = 199.96 m^2$$

 2. 坡屋面工程量计算案例

【例 30-2】坡屋面工程量计算

如图 30-2 所示，某住宅楼为现浇混凝土坡顶，平瓦屋面，求屋面瓦工程量和防水卷材工程量。

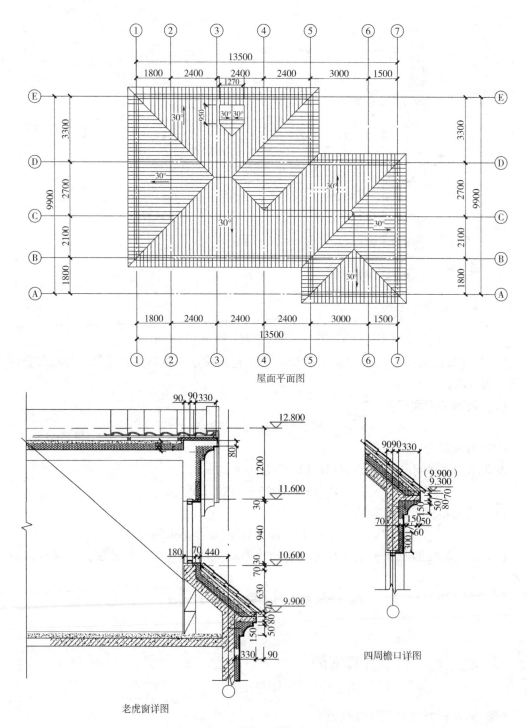

屋面平面图

老虎窗详图

四周檐口详图

图 30-2　某住宅楼坡顶施工图

【解】查表 30-1，30°延尺系数 $C = 1.1547$。

表 30-1　屋面坡度系数表

坡度			延尺系数	隅延尺系数
B/A	B/2A	角度 α	C（A=1）	D（A=1）
1.000	1/2	45°00′	1.4142	1.7321
0.750	—	36°52′	1.2500	1.6008
0.700	—	35°00′	1.2207	1.5780
0.667	1/3	33°41′	1.2019	1.5635
0.650	—	33°01′	1.1927	1.5564
0.600	—	30°58′	1.1662	1.5362
0.577	—	30°00′	1.1547	1.5275
0.550	—	28°49′	1.1413	1.5174
0.500	1/4	26°34′	1.1180	1.5000
0.450	—	24°14′	1.0966	1.4841
0.414	—	22°30′	1.0824	1.4736
0.400	1/5	21°48′	1.0770	1.4697
0.350	—	19°17′	1.0595	1.4569
0.300	—	16°42′	1.0440	1.4457
0.250	1/8	14°02′	1.0308	1.4361
0.200	1/10	11°19′	1.0198	1.4283
0.167	1/12	9°28′	1.0138	1.4240
0.150	—	8°32′	1.0112	1.4221
0.125	1/16	7°08′	1.0078	1.4197
0.100	1/20	5°43′	1.0050	1.4177
0.083	1/24	4°46′	1.0035	1.4167
0.067	1/30	3°49′	1.0022	1.4158

（1）设计图示屋面投影面积：

屋面投影面积 = $[(13.5+0.42\times2)\times(9.9+0.42\times2)-(4.5\times3.3+9\times1.8)]m^2$
= $122.96m^2$

（2）老虎窗下重叠部分设计图示投影面积：

重叠部分投影面积 = $(1.27\times0.44)m^2 = 0.56m^2$

（3）屋面瓦面积：依据预算定额，第七章屋面及防水工程，计算规则："瓦屋面、型材屋面（包括挑檐部分）均按设计图示尺寸的水平投影面积乘以屋面坡度系数（见屋面坡度系数表）以斜面积计算。不扣除房上烟囱、风帽底座、风道、屋面小气窗和斜沟等所占面积。屋面小气窗出檐与屋面重叠部分的面积亦不增加，但天窗出檐部分重叠的面积计入相应的屋面工程量内。瓦屋面的出线、披水、稍头抹灰、脊瓦加腮等工、料均已综合在基价内，不另计算。"

屋面瓦面积 = 屋面投影面积×延尺系数 C + 老虎窗下重叠部分投影面积×延尺系数 C
= $[122.96\times1.1547+0.56\times1.1547]m^2 = 142.63m^2$

(4) 防水卷材面积: 依据预算定额, 第七章屋面及防水工程, 计算规则: "斜屋顶 (不包括平屋顶找坡) 按设计图示尺寸的水平投影面积乘以屋面延尺系数以斜面积计算。屋面的女儿墙、伸缩缝和天窗等处的弯起部分并入屋面工程量内。"

故防水卷材面积同屋面瓦面积, 再增加老虎窗两侧墙弯起部分250mm。

$$F = \left[142.63 + (0.95 \times 2) \times 1.1547 \right] m^2 = 144.82 m^2$$

第31章 防腐、保温、隔热工程

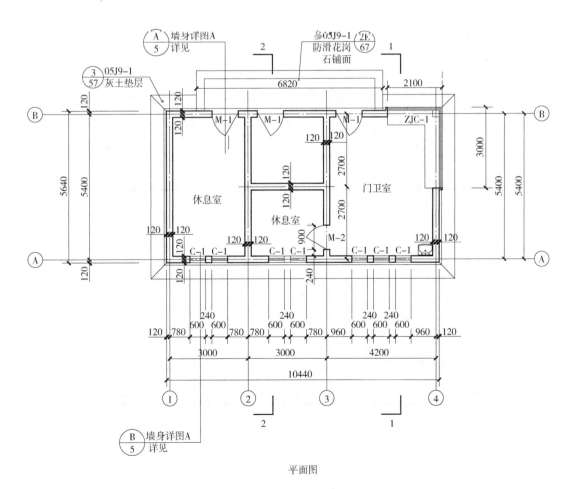

外墙保温工程量计算案例

【例】外墙保温工程量计算

如图 31-1 所示，某门卫室外墙粘贴 70mm 厚挤塑聚苯板保温层，室外自然地坪为 –300mm，门窗居中安装，门窗框厚 60mm。求保温工程量。

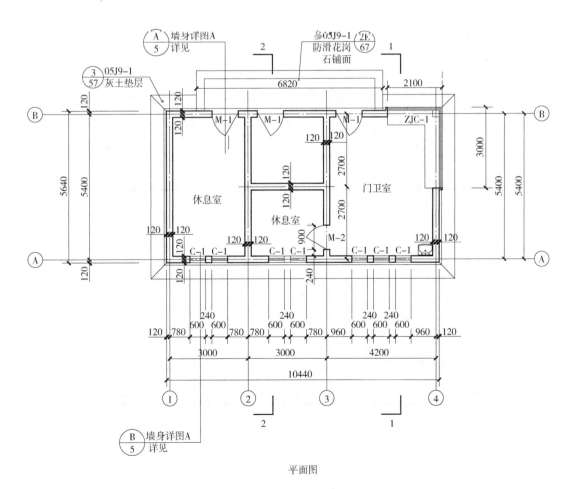

平面图

图 31-1　门卫室建筑施工图

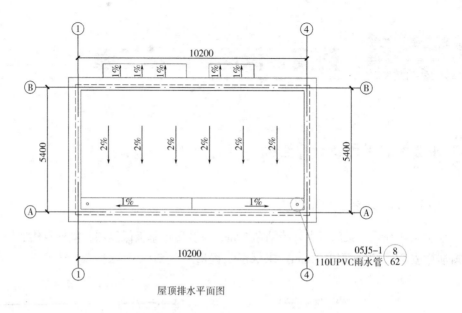

屋顶排水平面图

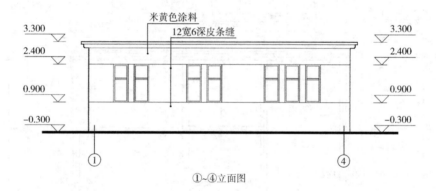

①~④立面图

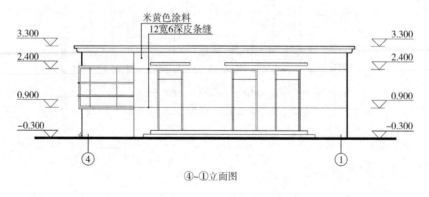

④~①立面图

图 31-1 门卫室建筑施工图（续）

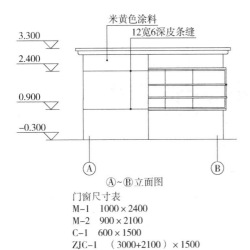

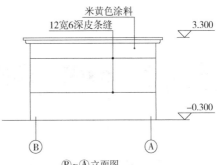

A~B立面图

门窗尺寸表
M-1　1000×2400
M-2　900×2100
C-1　600×1500
ZJC-1　（3000+2100）×1500

B~A立面图

（1）外装修：涂料饰面。
　　饰面基层（硅橡胶弹性底漆及柔性耐水腻子）
　　聚合物抗裂砂浆（压入耐碱涂塑玻纤网格布）
　　挤塑聚苯板保温层
　　胶粘剂粘接点
（2）外墙涂料饰面，门窗侧面抹30mm厚保温颗粒砂浆。

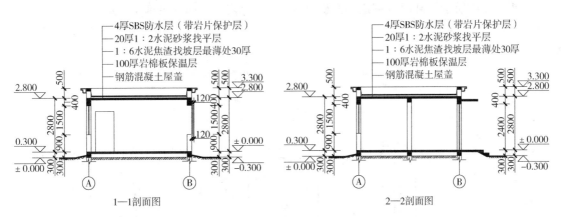

1—1剖面图

2—2剖面图

图31-1　门卫室建筑施工图（续）

【解】依据预算定额，第八章防腐、隔热、保温工程，计算规则："外墙外保温按设计图示尺寸以实铺展开面积计算。"

$$外墙外边线长：（5.64+10.44）×2m=32.16m$$

$$挤塑聚苯板工程量=32.16×3.6m^2-门窗洞口占面积-台阶处占面积$$

$$=[32.16×3.6-（0.6×1.5×7+1×2.4×3+5.1×1.5）-（6.82×$$

$$0.3）]m^2$$

$$=92.58m^2$$

$$门窗洞口侧壁保温工程量=[（0.6+1.5）×2×0.16×7+（1+2.4×2）×0.16×3+$$

$$（5.1+1.5）×2×0.16]m^2$$

$$=9.60m^2$$

第32章 墙面、顶棚及其他装饰工程

1. 墙面抹灰工程量计算案例

【例32-1】墙面抹灰工程量计算

如图32-1所示,某门卫室建筑面积58.88m²,求内、外墙面装饰工程量。

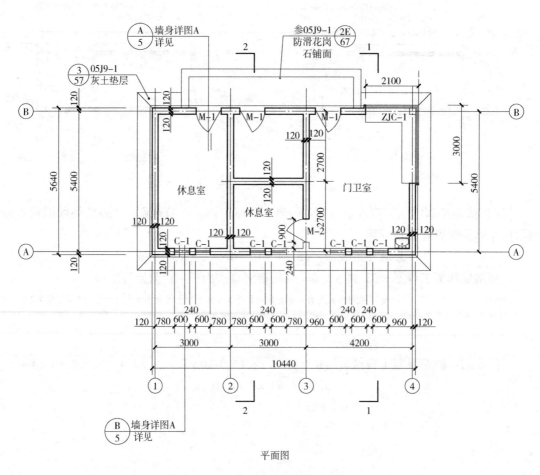

平面图

图 32-1 门卫室建筑施工图

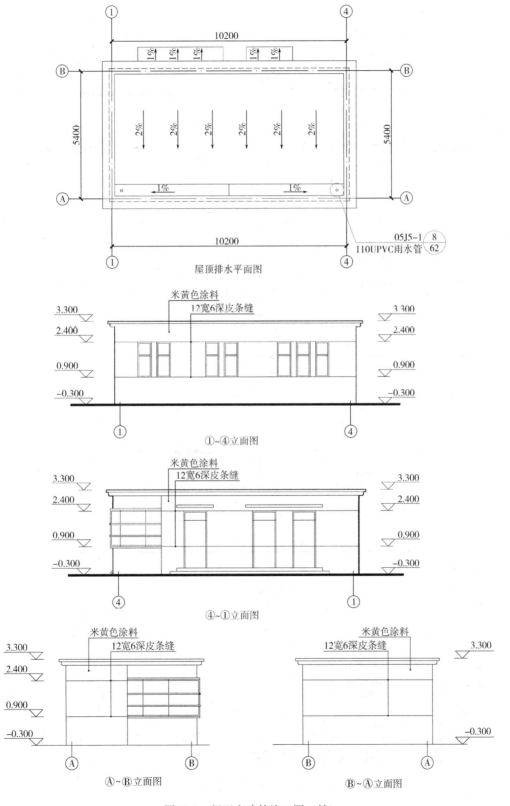

屋顶排水平面图

①~④立面图

④~①立面图

Ⓐ~Ⓑ立面图

Ⓑ~Ⓐ立面图

图 32-1 门卫室建筑施工图（续）

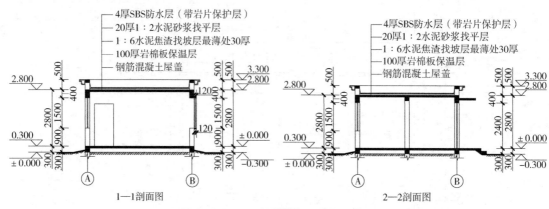

1—1剖面图 　　　　　　　　　　2—2剖面图

工程做法

内墙面	外墙面	顶棚	地泵房墙面	地泵房顶棚
1.9mm厚1：3水泥砂浆 2.6mm厚1：2水泥砂浆找平 3.墙面刮腻子两遍 4.乳胶漆三遍	1.丙烯酸弹性外墙乳胶漆两道 2.硅橡胶弹性底漆及柔性耐水腻子 3.6mm厚1：2.5水泥砂浆抹面压光 4.12mm厚1：3水泥砂浆抹光 5.页岩烧结砖厚240mm	1.刷内檐涂料（乳胶漆两遍） 2.腻子膏刮平 3.8mm厚1：2水泥砂浆打底抹平 4.现浇钢筋混凝土楼板	1.9mm厚1：3水泥砂浆 2.素水泥浆一道 3.配套专用胶粘剂 4.7mm厚面砖，白水泥擦缝	1.配套金属龙骨 2.铝合金条形板 总高度65mm，自重0.07kN/m²

墙面抹灰房间：水泥砂浆踢脚线高150mm。

门窗表

类别	设计编号	洞口尺寸/mm 宽	洞口尺寸/mm 高	窗口数量 一层	窗口数量 总数	采用图集及编号	备注
门	M-1	1000	2400	3	3	参见05J4-1-2-1PM-1024	半玻门
门	M-2	900	2100	1	1	参见05J4-1-93-4PM-0921	夹板门 本色
门							
窗	C-1	600	1500	7	7	参见门窗小样	墨绿色塑钢窗框
窗	ZJC-1	3000+2100	1500	1	1	参见门窗小样	墨绿色塑钢窗框

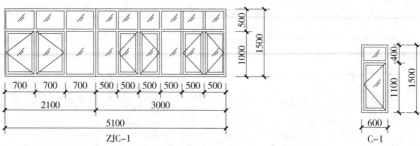

注：1.本工程门窗施工前需实测洞口尺寸，核实门窗类型、样式、数量，表中尺寸为立面可见尺寸，被遮挡部分用副框补齐，门窗制作应预留出安装空隙。
2.单块玻璃面积大于1.5m²及距地面小于500mm的玻璃和所有门的开启扇玻璃均采用安全玻璃。窗框料尺寸及玻璃厚度由专业厂家计算后方可安装。
3.本工程外檐门窗选用塑钢窗框，玻璃为中空玻璃。

图32-1　门卫室建筑施工图（续）

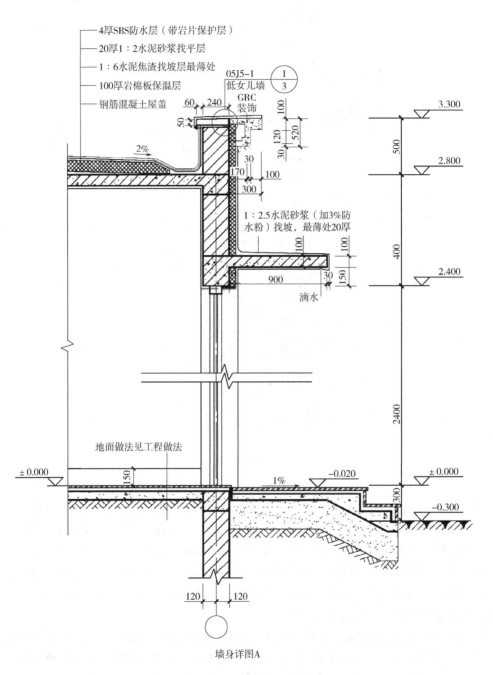

图 32-1 门卫室建筑施工图（续）

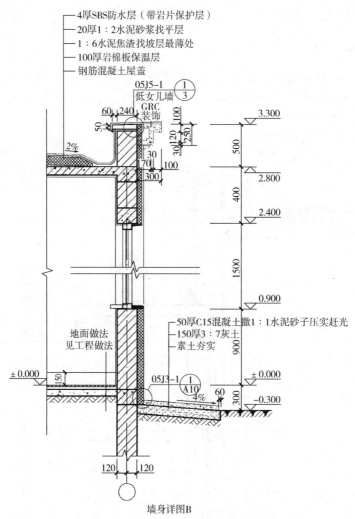

墙身详图B

图 32-1　门卫室建筑施工图（续）

【解】（1）内墙面抹水泥砂浆。依据预算定额，装饰装修工程第二章墙、柱面工程，计算规则："内墙面抹灰按设计图示尺寸以面积计算。内墙面抹灰面积，扣除门、窗洞口和空圈所占的面积，不扣除踢脚线、挂镜线、单个面积0.3m²以内的孔洞和墙与构件交接处的面积，洞口侧壁和顶面面积不增加，但垛的侧面抹灰应与内墙面抹灰工程量合并计算。内墙面抹灰的长度以主墙间的净长计算，其高度确定：抹灰高度不扣除踢脚线高度。有吊顶者，其高度按楼地面至天棚下皮另加10cm计算。"

工程量 = （门卫室内墙面 - 门窗洞口所占面积）+（休息室内墙面 - 门窗洞口所占面积）

$= \left[(3.96 + 5.16) \times 2 \times 2.7 - 0.6 \times 1.5 \times 3 - 1 \times 2.4 - 0.9 \times 2.1 - 4.38 \times 1.5 \right] \mathrm{m}^2 +$
$\left[(2.76 + 5.16) \times 2 \times 2.7 + (2.76 + 2.46) \times 2 \times 2.7 - 0.6 \times 1.5 \times 4 - 1 \times 2.4 - 0.9 \times 2.1 \right] \mathrm{m}^2$

$= 98.75 \mathrm{m}^2$

（2）水泥砂浆抹窗台工程量：

工程量 $= (0.16 \times 5.1 + 0.08 \times 0.6 \times 7) \mathrm{m}^2 = 1.15 \mathrm{m}^2$

（3）地泵房墙面面砖工程量。依据预算定额，装饰装修工程第二章墙、柱面工程，计算规则："墙面镶贴块料面层，按镶贴表面积计算，应扣除门、窗洞口和单个面积 $0.3m^2$ 以外的孔洞所占的面积，增加门窗洞口侧壁和顶面面积。"

$$工程量 = (2.76 + 2.46) \times 2 \times (2.7 - 0.65 + 0.1)m^2 - 门窗洞口所占面积 +$$
$$门窗洞口侧壁和顶面面积$$
$$= [(2.76 + 2.46) \times 2 \times (2.7 - 0.65 + 0.1) - 1 \times 2.4 + 5.4 \times 0.08]m^2$$
$$= 20.48m^2$$

（4）外墙面抹水泥砂浆。依据预算定额，装饰装修工程第二章墙、柱面工程，计算规则："外墙面抹灰按设计图示尺寸以面积计算。外墙面抹灰，扣除门、窗洞口和空圈所占的面积，不扣除单个面积 $0.3m^2$ 以内的孔洞面积，洞口侧壁和顶面面积不增加，但垛的侧面抹灰应与内墙面抹灰工程量合并计算。"

$$1 \sim 4轴立面工程量 = 10.44 \times (3.3 + 0.3)m^2 - 窗洞口 C-1 所占面积$$
$$= [10.44 \times (3.3 + 0.3) - 0.6 \times 1.5 \times 7]m^2$$
$$= 31.28m^2$$

$$4 \sim 1轴立面工程量 = 10.44 \times (3.3 + 0.3)m^2 - 门洞口 M-1 所占面积 - 窗洞口 ZJC-1$$
$$所占面积 - 台阶所占面积$$
$$= [10.44 \times (3.3 + 0.3) - 1 \times 2.4 \times 3 - 2.1 \times 1.5 - 5.6 \times 0.3]m^2$$
$$= 25.55m^2$$

$$A \sim B轴立面工程量 = 5.64 \times (3.3 + 0.3)m^2 - 窗洞口 ZJC-1 所占面积$$
$$= [5.64 \times (3.3 + 0.3) - 3 \times 1.5]m^2$$
$$= 15.80m^2$$

$$B \sim A轴立面工程量 = [5.64 \times (3.3 + 0.3)]m^2 = 20.30m^2$$

$$工程量 = 1 \sim 4轴立面工程量 + 4 \sim 1轴立面工程量 + A \sim B轴立面工程量 +$$
$$B \sim A轴立面工程量$$
$$= (31.28 + 25.55 + 15.80 + 20.30)m^2 = 92.93m^2$$

（5）GRC 装饰线条工程量：

$$工程量 = [0.85 \times (10.44 + 5.64) \times 2]m^2 = 27.34m^2$$

 2. 顶棚工程量计算案例

【例32-2】顶棚工程量计算

如图 32-1 所示，某门卫室建筑面积 $58.88m^2$，求顶棚工程量、雨篷工程量。

【解】（1）顶棚抹水泥砂浆工程量：

$$工程量 = (2.76 \times 5.16 + 2.76 \times 2.46 + 3.96 \times 5.16)m^2 = 41.46m^2$$

（2）铝合金条板吊顶工程量：

$$工程量 = (2.76 \times 2.46)m^2 = 6.79m^2$$

（3）雨篷抹水泥砂浆。依据预算定额，装饰装修工程第三章天棚工程，说明："阳台、雨篷抹灰子目内已包括底面抹灰及刷浆，不另行计算。"

$$工程量 = [(3.7+2) \times 0.9]m^2 = 5.13m^2$$

3. 门窗工程量计算案例

【例 32-3】门窗工程量计算

如图 32-1 所示，某门卫室建筑面积 $58.88m^2$，求门窗工程量。

【解】（1）塑钢窗工程量。依据预算定额，装饰装修工程第四章门窗工程，计算规则："除钢百叶窗、成品钢窗、塑钢阳台封闭窗、防盗窗按框外围面积计算外，其余金属窗均按设计图示洞口尺寸以面积计算。铝合金门、塑钢门、断桥隔热铝合金门、彩板组角钢门按设计图示洞口尺寸以面积计算。"

$$工程量 = (0.6 \times 1.5 \times 7 + 5.1 \times 1.5)m^2 = 13.95m^2$$

（2）玻璃门工程量：

$$工程量 = (1 \times 2.4 \times 3)m^2 = 7.2m^2$$

（3）夹板门工程量：

$$工程量 = (0.9 \times 2.1)m^2 = 1.89m^2$$

4. 墙面涂料工程量计算案例

【例 32-4】墙面涂料工程量计算

如图 32-1 所示，某门卫室建筑面积 $58.88m^2$，求外墙面涂料工程量、内墙面涂料工程量。

【解】（1）外墙面涂料工程量。依据预算定额，装饰装修工程第五章油漆、涂料、裱糊工程，计算规则："天棚、墙、柱、梁面的油漆、涂料、裱糊按展开面积计算。墙腰线、檐口线、门窗套、窗台板等刷油漆按展开面积计算。"

$1 \sim 4$ 轴立面工程量 $= 10.44 \times (3.3 + 0.3)m^2 -$ 窗洞口 C-1 所占面积 $+$ 门窗侧壁涂料

面积 $+$ GRC 构件上下两侧表面涂料面积

$= [10.44 \times (3.3 + 0.3) - 0.6 \times 1.5 \times 7 + (0.6 + 1.5) \times 2 \times 0.08 \times$

$7 + 0.3 \times 2 \times 10.44]m^2$

$= 39.90m^2$

$4 \sim 1$ 轴立面工程量 $= 10.44 \times (3.3 + 0.3)m^2 -$ 门洞口 M-1 所占面积 $-$ 窗洞口 ZJC-1

所占面积 $+$ 门窗侧壁涂料面积 $-$ 台阶所占面积 $+$ GRC 构件上

下两侧表面涂料面积

$= \{10.44 \times (3.3 + 0.3) - 1 \times 2.4 \times 3 - 2.1 \times 1.5 + [(2.1 \times 2 + 1.5) \times$

$0.12 + (1 + 2.4 \times 2) \times 0.08 \times 3] - 5.6 \times 0.3 + 0.3 \times 2 \times 10.44\}m^2$

$= 33.89m^2$

$A \sim B$ 轴立面工程量 $= 5.64 \times (3.3 + 3.3)\mathrm{m}^2 -$ 窗洞口 ZJC-1 所占面积 $+$ 门窗侧壁

涂料面积 $+$ GRC 构件上下两侧表面涂料面积

$= [5.64 \times (3.3 + 0.3) - 3 \times 1.5 + (1.5 + 3 \times 2) \times 0.12 + 0.3 \times$

$2 \times 5.64]\mathrm{m}^2$

$= 20.09\mathrm{m}^2$

$B \sim A$ 轴立面工程量 $= 5.64 \times (3.3 + 0.3)\mathrm{m}^2 +$ GRC 构件上下两侧表面涂料面积

$= [5.64 \times (3.3 + 0.3) + 0.3 \times 2 \times 5.64]\mathrm{m}^2 = 23.69\mathrm{m}^2$

工程量 $= 1 \sim 4$ 轴立面工程量 $+ 4 \sim 1$ 轴立面工程量 $+ A \sim B$ 轴立面工程量 $+$

$B \sim A$ 轴立面工程量

$= (39.90 + 33.89 + 20.09 + 23.69)\mathrm{m}^2$

$= 117.57\mathrm{m}^2$

（2）内墙面涂料工程量。因为定额计算规则中涂料墙面按展开面积计算，本案例踢脚线高度 150mm 为水泥砂浆压光面，计算墙面高度要注意扣除踢脚线高度。

工程量 $=$（门卫室墙面涂料面积 $-$ 门窗洞口所占面积 $+$ 门窗侧壁涂料面积）$+$

（休息室墙面涂料面积 $-$ 门窗洞口所占面积 $+$ 门窗侧壁涂料面积）

$- \{(3.96 + 5.16) \times 2 \times 2.55 - (0.6 \times 1.5 \times 3 + 1 \times 2.4 + 0.9 \times 2.1 + 4.38 \times 1.5) +$

$[(0.6 + 1.5) \times 2 \times 0.08 \times 3 + (1 + 2.4 \times 2) \times 0.08 + (0.9 + 2.1 \times 2) \times 0.08 +$

$(4.38 + 1.5) \times 2 \times 0.16]\}\mathrm{m}^2 + \{(2.76 + 5.16) \times 2 \times 2.55 + (2.76 + 2.46) \times$

$2 \times 2.55 - (0.6 \times 1.5 \times 4 + 1 \times 2.4 + 0.9 \times 2.1) + [(0.6 + 1.5) \times 2 \times 0.08 \times$

$4 + (1 + 2.4 \times 2) \times 0.08 + (0.9 + 2.1 \times 2) \times 0.08]\}\mathrm{m}^2$

$= 98.05\mathrm{m}^2$

（3）顶棚涂料工程量：

工程量 $= (2.76 \times 5.16 + 2.76 \times 2.46 + 3.96 \times 5.16)\mathrm{m}^2 = 41.46\mathrm{m}^2$

（4）室外雨篷涂料工程量：

工程量 $= [(3.7 + 2) \times 0.9 + (3.7 + 2 + 0.9 \times 4) \times 0.1]\mathrm{m}^2 = 6.06\mathrm{m}^2$

 5. 装修脚手架工程量计算案例

【例 32-5】装修脚手架工程量计算

如图 32-1 所示，某门卫室建筑面积 58.88m²，求装修脚手架工程量。

【解】外墙装修脚手架工程量。依据预算定额，装饰装修工程第七章脚手架措施费，说明："室内净高超过 3.6m 的内墙抹灰所需的脚手架按本章内墙面粉饰脚手架相应项目执行。"计算规则："装饰装修外脚手架按设计图示外墙的外边线长乘以墙高以面积计算，不扣除门窗洞口的面积。"本案例室内高度 3.6m 以内，抹灰不再计算脚手架工程量，外墙抹灰考虑搭设钢管脚手架。

工程量 $= (10.44 + 5.64) \times 2 \times 3.6\mathrm{m}^2 = 115.78\mathrm{m}^2$

第33章 金属结构制作

钢结构工程量计算案例

【例】钢结构工程量计算

如图33-1所示，某车间设计为钢结构，建筑面积216m²，求钢结构工程量。

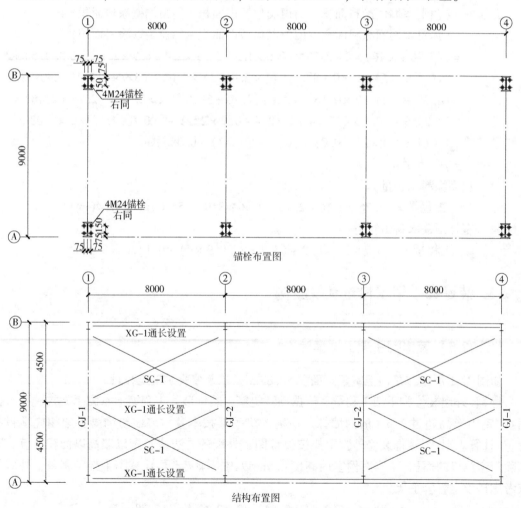

图 33-1 钢结构施工图

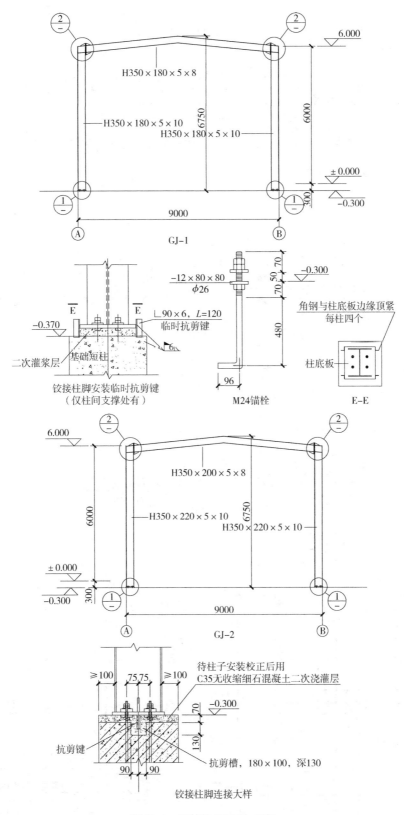

图33-1　钢结构施工图（续）

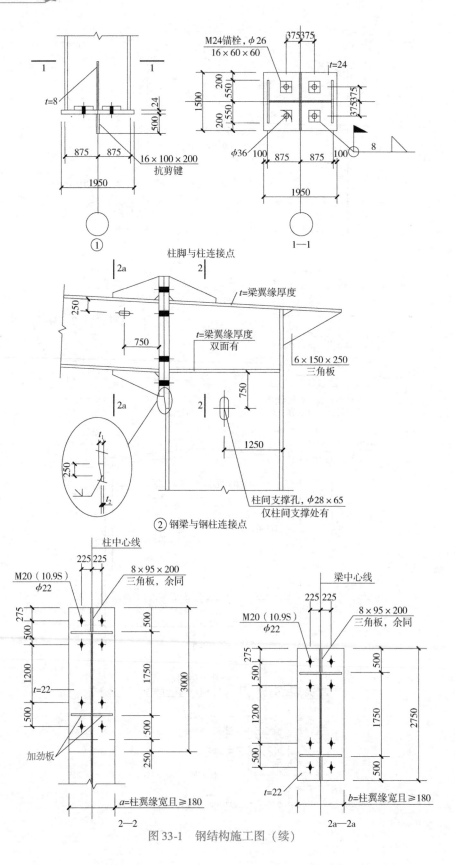

图 33-1　钢结构施工图（续）

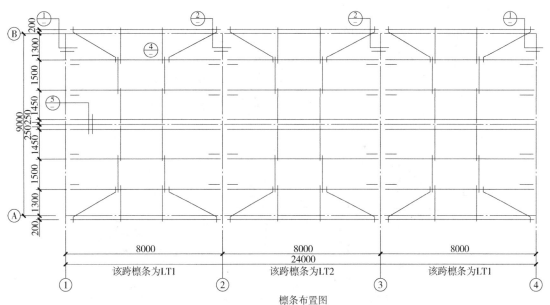

檩条布置图

① 说明:
1. LT1规格为Z200×67/73×20×2.5, 材质为Q235。
   LT2规格为Z200×67/73×20×2.0, 材质为Q235。
2. T规格为φ12圆钢, 有斜拉条(XLT)处的直拉条(T)设套筒φ33.5×2.5圆管, XLT规格为φ12圆钢, T、XLT、圆管的材质均为Q235。
3. YC规格为∟50×4, 材质为Q235。
4. LT上未注明的孔为φ16×20椭圆孔。
5. 檩条均为热镀锌, 镀锌量275g/m²。
6. XG的规格为121×4.0圆管, 材质为Q235。
7. ZC, SC的规格为φ25的圆钢, 材质为Q235。

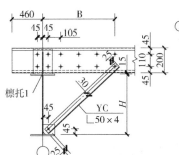

φ12圆钢

拉条连接详图

C200×70×20×2.0@1000

每端两颗自攻螺钉现场安装
METKS10-24×22WAF

双檩条连接节点

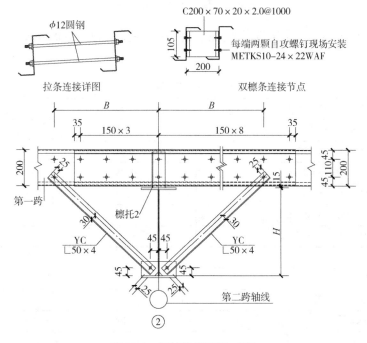

图 33-1 钢结构施工图 (续)

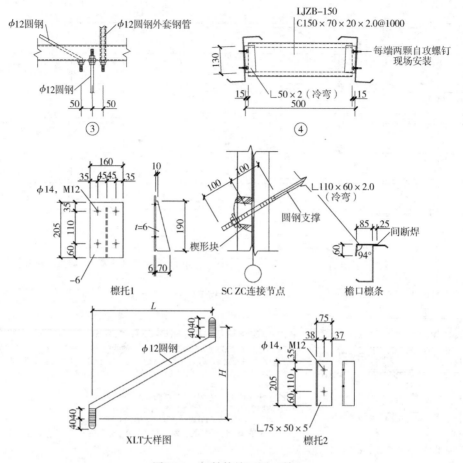

图 33-1　钢结构施工图（续）

【解】查表 33-1 得知，本案例所使用钢构件的理论重量和表面积可通过表内数值在计算式中列出。

表 33-1　钢构件理论重量表

序号	规格型号/mm	表面积/（m²/m）	理论重量/（kg/m）
1	H350×220×5×10	1.57	47.49
2	H350×180×5×10	1.41	41.42
3	H350×200×5×8	1.49	38.22
4	H350×180×5×8	1.41	35.71
5	Z200×67/73×20×2.5	0.76	7.203
6	Z200×67/73×20×2.0	0.76	5.803
7	φ12 圆钢	—	0.888
8	φ25 圆钢	—	3.854
9	33.5×2.5 圆管	—	1.911
10	L50×4	0.197	3.06

（续）

序号	规格型号/mm	表面积/(m²/m)	理论重量/(kg/m)
11	121×4.0 圆管	0.379	11.542
12	C150×70×20×2.0	0.47	5.05
13	C200×70×20×2.0	0.57	5.84

（1）钢柱工程量：

工程量 = H 型钢柱身 + 1—1 剖面图钢板 + 2—2 剖面图钢板 + 加劲板

= (6.3×47.49×4 + 6.3×41.42×4 + 0.39×0.3×0.024×7850×8 + 0.18×

0.6×0.022×7850×8 + 0.18×0.35×0.008×7850×16) kg

= 2629.39kg

（2）钢梁工程量：

工程量 = H 型钢梁 + 2a—2a 剖面图钢板

= (8.3×38.22×2 + 8.3×35.71×2 + 0.18×0.55×0.022×7850×8) kg

= 1364.02kg

（3）钢支撑工程量：

工程量 = 钢系杆 XG-1 + 钢隅撑 YC

= (24×11.542×3 + 0.52×3.06×24) kg

= 869.21kg

（4）钢檩条工程量：

工程量 = LT1 + LT2 + 脊檩条 C150×70×20×2.0

= (8×7.203×16 + 8×5.803×8 + 0.5×5.05×25) kg

= 1356.50kg

（5）钢拉杆工程量：

工程量 = 水平拉杆 SC + 柱间拉杆 ZC + 钢拉 T、XLT

= (9.18×3.85×8 + 10.25×3.85×4 + (1.77×0.888×6×2×6 + 3.02×

0.888×2×12 + 1.3×1.911×2×12) kg

= 667.75kg

（6）预埋螺栓工程量：

工程量 = (0.78×3.85×32) kg = 96.10kg

（7）防火涂料工程量：

工程量 = 钢柱表面积 + 钢梁表面积 + 钢支撑表面积 + 钢檩条表面积

= [(6.3×1.57×4 + 6.3×1.41×4) + (8.3×1.49×2 + 8.3×1.41×2) +

(24×0.379×3 + 0.52×0.197×24) + (8×0.76×16 + 8×0.76×8 + 0.5×

0.47×25)] m²

= 304.78m²

第34章 建筑工程垂直运输费、超高附加费

建筑工程垂直运输费、超高附加费工程量计算案例

【例】建筑工程垂直运输费、超高附加费工程量计算

如图 34-1 所示，某住宅楼为地上 8 层，地下 1 层，屋顶层标高 23.2m，地下车库层高 5m。地上建筑面积 8500m²，地下车库建筑面积 3600m²。求建筑工程垂直运输费工程量、超高附加费工程量。

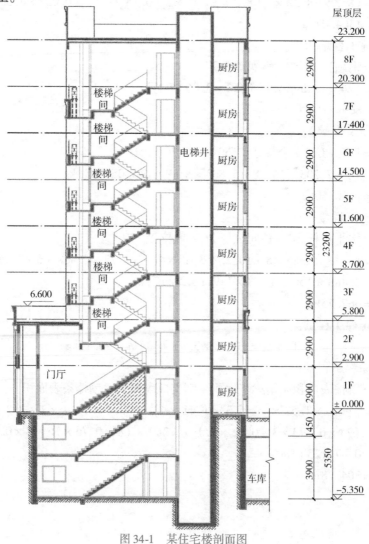

图 34-1 某住宅楼剖面图

178

【解】依据预算定额，建筑工程第十五章垂直运输费，计算规则："建筑物垂直运输区分不同建筑物结构及檐高按建筑面积计算，地下室面积与地上面积合并计算。"

依据预算定额，建筑工程第十五章垂直运输费，计算规则："超高工程附加费以首层地面以上全部建筑面积计算。"

（1）垂直运输费檐高 40m 以内工程量：

$$工程量 = (8500 + 3600) \, m^2 = 12100 m^2$$

（2）超高附加费檐高 40m 以内工程量：

$$工程量 = 8500 m^2$$

第35章 装饰工程垂直运输费、超高附加费

装饰工程垂直运输费、超高附加费工程量计算案例

【例】装饰工程垂直运输费、超高附加费工程量计算

如图 35-1 所示，某项目工程为 15 层住宅楼，楼层高 3m，檐高 46.5m，首层用工 130 工日，二层用工 120 工日，3～15 层每层用工 100 工日，屋顶层用工 20 工日。求装饰工程垂直运输人工费、超高附加人工费工程量。

【解】依据预算定额，装饰装修工程第八章垂直运输费，计算规则："装饰装修楼层（包括该楼层所有装饰装修工程量）的垂直运输费，区别不同垂直运输高度（单层建筑物系檐口高度）按基价中人工工日分别计算。"

依据预算定额，装饰装修工程第九章超高工程附加费，计算规则："装饰装修楼层（包括该楼层所有装饰装修工程）的超高工程附加费区别不同的垂直运输高度（单层建筑物按檐口高度），以分部分项工程费中的人工费、机械费及可以计量的措施项目费中的人工费、机械费之和乘以表 35-1 降效系数分别计算。"

表 35-1　超高工程附加费系数表

项目		降效系数	
单层建筑物	建筑物檐高/m	30	3.12%
		40	4.68%
		50	6.80%
多层建筑物	建筑物檐高/m	20～40	9.35%
		40～60	15.30%
		60～80	21.25%
		80～100	28.05%
		100～120	34.85%

（1）建筑檐高 60m 以内，垂直运输高度 20m 以内工程量：

$$工程量 = (130 + 120 + 100 \times 4)工日 = 650工日$$

（2）建筑檐高 60m 以内，垂直运输高度 20～40m 以内工程量：

$$工程量 = (100 \times 7)工日 = 700工日$$

（3）建筑檐高 60m 以内，垂直运输高度 40～60m 以内工程量：

$$工程量 = (100 \times 2 + 20)工日 = 220工日$$

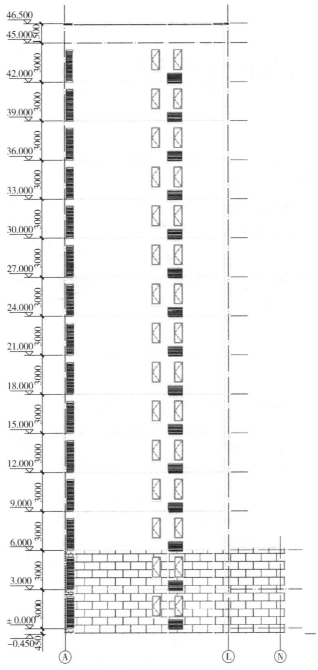

图 35-1 某住宅楼立面施工图

（4）超高附加人工费工程量：

$$运输高度40m以内工程量 = [(100 \times 7) \times 9.35\%] 工日$$
$$= 65.45 工日$$

$$运输高度60m以内工程量 = [(100 \times 2 + 20) \times 15.30\%] 工日$$
$$= 33.66 工日$$

$$工程量 = (65.45 + 33.66) 工日 = 99.11 工日$$

第36章 混凝土模板工程

模板工程量计算案例

【例】混凝土模板工程量计算

如图 36-1 所示，某维修车间楼，单层框架结构，顶标高 4.5m，承台基础模板做法是 120mm 厚砖胎模砌筑内侧抹水泥砂浆。求模板工程量。

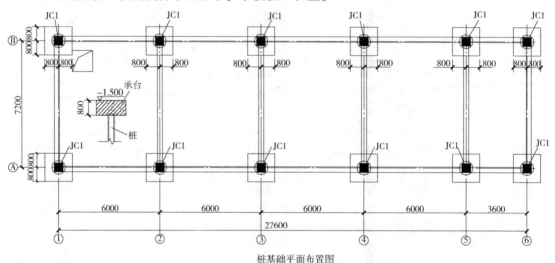

桩基础平面布置图

注：单桩承台中心与上部柱中心重合。

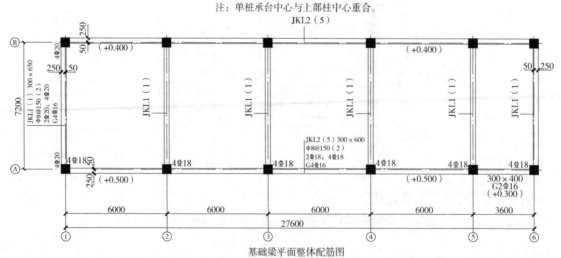

基础梁平面整体配筋图

注：梁顶标高为-0.60m，未标注者梁与轴线居中布置。

图 36-1 某维修车间结构施工图

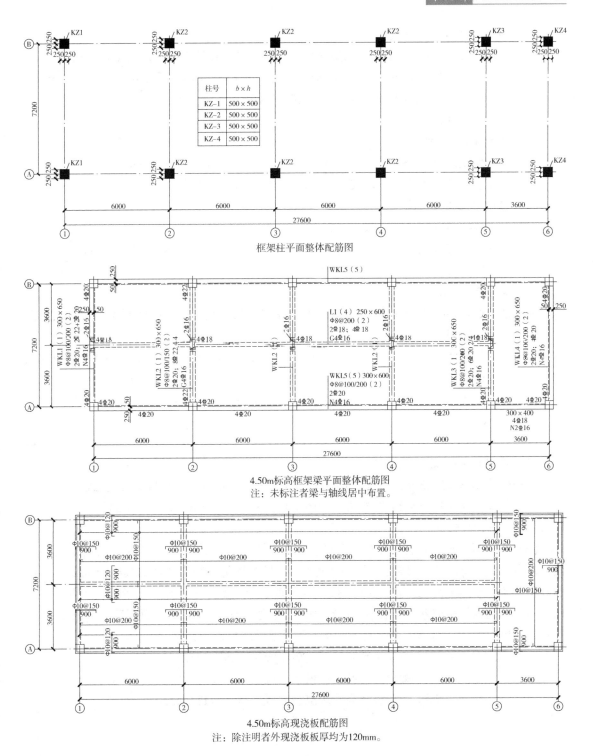

框架柱平面整体配筋图

4.50m标高框架梁平面整体配筋图
注：未标注者梁与轴线居中布置。

4.50m标高现浇板配筋图
注：除注明者外现浇板板厚均为120mm。

图36-1 某维修车间结构施工图（续）

【解】依据预算定额，第十三章混凝土及钢筋混凝土模板及支架措施费，计算规则：
"现浇混凝土构件模板除另有规定者外，均按模板与混凝土的接触面积（扣除后浇带所占面积）计算。"

(1) 混凝土柱模板工程量：

工程量 $= 0.5 \times 4 \times 6 \times 16 \text{m}^2 - $ 基础梁交接处面积 $-$ 梁交接处面积 $-$ 板交接处面积

$= [0.5 \times 4 \times 6 \times 16 - (0.3 \times 0.65 \times 2 \times 6 - 0.3 \times 0.6 \times 10 \times 2) - (0.3 \times 0.65 \times 2 \times$

$6 - 0.3 \times 0.6 \times 10 \times 2) - (0.45 \times 0.12 \times 20)]\text{m}^2$

$= 193.44\text{m}^2$

(2) 承台模板工程量：

砖胎模砌筑工程量 $= [(0.8 + 0.12) \times 4 \times 0.8 \times 0.12 \times 12]\text{m}^3 = 4.24\text{m}^3$

砖胎模抹灰工程量 $= (0.8 \times 0.8 \times 4 \times 12)\text{m}^2 = 30.72\text{m}^2$

(3) 基础梁模板工程量：

工程量 $=$ 基础梁 JKL1 $+$ 基础梁 JKL2

$= [(0.65 \times 2 + 0.3) \times 6.7 \times 6 + (0.6 \times 2 + 0.3) \times (5.5 \times 8 + 3.1 \times 2)]\text{m}^2$

$= 139.62\text{m}^2$

(4) 梁模板工程量：

工程量 $=$ WKL1 $+$ WKL2 $+$ WKL3 $+$ WKL4 $+$ WKL5 $+$ L1 $-$ 梁与梁交接处面积 $-$ 梁与板交接

处面积

$= [(0.65 \times 2 + 0.3) \times 6.7 + (0.65 \times 2 + 0.3) \times 6.7 \times 3 + (0.65 \times 2 + 0.3) \times 6.7 +$

$(0.65 \times 2 + 0.3) \times 6.7 + (0.6 \times 2 + 0.3) \times (5.5 \times 8 + 3.1 \times 2) + (0.6 \times 2 +$

$0.25) \times 5.7 \times 4 - (0.25 \times 0.6 \times 8) - (6.8 \times 10 + 5.4 \times 8 + 3 \times 2 + 5.7 \times 4) \times$

$0.12]\text{m}^2$

$= 154.68\text{m}^2$

(5) 现浇板模板工程量：

工程量 $= [5.8 \times 3.43 \times 2 + 5.7 \times 3.43 \times 6 + 3.4 \times 7.1]\text{m}^2 - $ 柱头与板交接处面积

$= [5.8 \times 3.43 \times 2 + 5.7 \times 3.43 \times 6 + 3.43 \times 7.1 - (0.4 \times 4 - 0.6 \times 8)]\text{m}^2$

$= 184.43\text{m}^2$

(6) 柱、梁、板模板支撑超高工程量。依据预算定额，第十三章混凝土及钢筋混凝土模板及支架措施费，计算规则："层高超过 3.6m 模板增价按超高构件的模板与混凝土的接触面积（含 3.6m 以下）计算，层高超过 3.6m 时，每超高 1m 计算一次增价（不足 1m 按 1m 计），分别执行相应基价项目。"本案例楼层高度 4.5m，基础梁顶面高度 -0.6m，可以计算 2 个超高 1.2m，按相应的层超过 3.6m 定额子目乘系数 2 计算。

柱模板超高 $=$ 柱模板工程量 $= 193.44\text{m}^2$

梁模板超高 $=$ 梁模板工程量 $= 154.68\text{m}^2$

现浇板模板超高 $=$ 现浇板模板工程量 $= 184.43\text{m}^2$

参 考 文 献

［1］中华人民共和国住房和城乡建设部．建设工程工程量清单计价规范：GB 50500—2013［S］．北京：中国计划出版社，2013.

［2］中华人民共和国住房和城乡建设部．房屋建筑与装饰工程工程量计算规范：GB 50854—2013［S］．北京：中国计划出版社，2013.

［3］中华人民共和国建设部．全国统一建筑装饰装修工程消耗量定额：GYD-901—2002［S］．北京：中国计划出版社，2002.

［4］河南省建筑工程标准定额站．河南省房屋建筑与装饰工程预算定额［S］．北京：中国建材工业出版社，2017.

［5］张国栋．图解建筑工程工程量清单计算手册［M］．北京：机械工业出版社，2008.

［6］宋景智．建筑工程概预算百问［M］．北京：中国建筑工业出版社，2006.